普通高等教育新工科计算机类课改系列教材

U0394400

Dreamweaver CS5 网页

设计与制作实例教程

胡爱娜　孙全宝　编著

西安电子科技大学出版社

内 容 简 介

本书以理论与实践相结合的方式,循序渐进地讲解了 Dreamweaver CS5 的基础知识和基本操作,以及使用 Dreamweaver CS5 制作静态、动态网页的方法与技巧。本书涉及的内容有:网页制作基础知识、网站的规划与开发、Dreamweaver CS5 基础、网页的基本元素(处理文字与图形、制作超链接等)、模板与库、CSS 基础语法与应用、网页布局(表格、层、框架、DIV + CSS)、网页特效、网页中的多媒体、ASP 动态网站实例等。

全书图文并茂,理论和实例相结合,内容翔实。书中为每个知识点都配有精心挑选的相关实例,方便让读者更好地理解和掌握页面设计的一些技巧和注意事项。

本书实例丰富、重点突出、操作方法简单易学,实用性强,可作为高等学校计算机类相关专业、电子信息类专业及其他专业的网页设计与制作课程的配套教材,也可作为大中专院校、成人高校、计算机类培训学校的配套教材,还可供从事网站设计及相关工作的专业人士参考。

图书在版编目(CIP)数据

Dreamweaver CS5 网页设计与制作实例教程 / 胡爱娜,孙全宝编著. —西安:西安电子科技大学出版社,2017.12(2021.5 重印)
ISBN 978-7-5606-4766-1

Ⅰ. ①D… Ⅱ. ①胡… ②孙… Ⅲ. ①网页制作工具—教材 Ⅳ. ①TP393.092

中国版本图书馆 CIP 数据核字(2017)第 296000 号

策　　划　刘小莉
责任编辑　黄　菡　阎　彬
出版发行　西安电子科技大学出版社(西安市太白南路 2 号)
电　　话　(029)88202421　88201467　　　邮　　编　710071
网　　址　www.xduph.com　　　　　电子邮箱　xdupfxb001@163.com
经　　销　新华书店
印刷单位　陕西天意印务有限责任公司
版　　次　2017 年 12 月第 1 版　　2021 年 5 月第 3 次印刷
开　　本　787 毫米×1092 毫米　1/16　印　张　17
字　　数　402 千字
印　　数　4001～6000 册
定　　价　39.00 元

ISBN 978-7-5606-4766-1 / TP

XDUP 5068001−3

如有印装问题可调换

前　言

Dreamweaver CS5 是一款集网页制作和网站管理于一身的所见即所得的网页编辑器，是针对网页设计而开发的视觉化开发工具。

本书从实用的角度出发，以简明生动的语言，采用实例教学方式，由浅入深地介绍了网页制作的过程，并将编者多年的教学实践经验和技巧融入其中。

本书共 10 章，其中第 1、2 章为基础知识，第 3~9 章为静态页面的设计及特效，第 10 章为动态网站部分，基本上涵盖了实际学习中常见问题的解决方法，并融入了作者多年教学的经验。各章的主要内容如下：

第 1 章介绍了网站的工作原理、网站架构、网站开发语言以及域名等内容。

第 2 章介绍了网站开发流程、网站设计原则和网站测试，并通过实例进行详细解释。

第 3 章从介绍 Dreamweaver CS5 的操作界面入手，详细介绍了站点的创建和管理，并通过实例进行操作演示。

第 4 章介绍了如何通过添加网页基本元素来制作简单的网页，包括文本的格式处理、图片的插入以及超链接的分类和设置等。

第 5 章介绍了模板和库的知识，并通过实例演示了模板的具体制作过程。

第 6 章介绍了网页中 CSS 样式的使用技巧，同时通过实例详细解释了如何利用 CSS 样式统一网页内容格式。

第 7 章介绍了网页布局常用的几种方法：表格布局、层布局、框架、DIV + CSS，并对每一种布局方法给出了有针对性的、操作性强的实例进行练习。

第 8 章 通过实例介绍了网页中使用行为添加特效、使用 Spry 添加特效、使用 JavaScript 添加特效等。

第 9 章介绍了网页中如何添加多媒体对象，如视频、音频和动画等内容。

第 10 章介绍了如何制作动态网站，包括 Web 服务器的配置、表单的制作、数据库的创建等内容。

本书有以下特点：

● 结构合理：全书的知识体系的编写符合读者的认知规律，例如在第 6 章先介绍 CSS 的基础，为第 7 章讲述 DIV + CSS 的布局方法作了充分的铺垫。

● 重点突出：在第 6 章讲解 CSS 样式局部页面元素的设置时，整体页面仍采用传统的表格布局；在第 10 章动态网页的创建时，就忽略页面的布局设计，而重点在于动态站点的配置、数据库的连接等内容。

● 图文并茂：在介绍具体操作步骤的过程中，语言简洁，基本上每一个步骤都配有对应的插图，用图文来详细分解步骤，便于对照操作。

本书的编写工作由黄河科技学院的胡爱娜和河南省劳动干部学校的孙全宝担任。在整个编写过程中，还有许多人参与了编写与出版工作。在此谨向所有参与者致以深深的谢意。本书配套的全部案例均可正确运行，读者可以向作者索取源代码和课件，作者邮箱：79567545@qq.com。

在本书的编写过程中，我们参考借鉴了部分专家、学者的有关著作内容，具体书目列于参考文献中，在此表示衷心感谢！

由于时间仓促、水平有限，本书难免存在不足和疏漏之处，敬请专家和广大读者予以批评指正。

作　者

2017 年 6 月

目　　录

第 1 章　概　　述

互联网的诞生和快速发展，给网页设计师提供了广阔的设计空间。相对于传统的平面设计而言，网页设计具有更多的新特性和表现手段，借助网络这一平台，将传统设计与计算机、互联网技术相结合，实现了网页设计的创新应用与技术交流。网页设计是传统设计与信息科技和互联网相结合而产生的，是交互设计的延伸和发展，是新媒介和新技术支持下的一个全新的设计创作领域。

在建立网站之前，首先要了解 Internet 的基础知识、网站的工作原理、网站的架构、常用的开发语言等基本概念。

1.1　Internet 简介

Internet(因特网或互联网)是一个全球性的巨大的计算机网络体系。它把全球数万个计算机网络、成千上万台主机连接起来，包含了难以计数的信息资源，向全世界提供信息服务，这些信息资源分别存放在分布于整个网络的不同地点上的"网站"服务器中。Internet 是在美国较早的军用计算机网 ARPAnet(Advanced Research Projects Agency Network)的基础上经过不断发展变化而形成的。Internet 的主要功能如下。

1. 电子邮件服务

电子邮件服务是 Internet 的一个基本服务。通过电子邮箱，用户可以方便、快速地在 Internet 上交换电子邮件，查询信息，加入有关的公告、讨论和辩论组。

2. 远程登录服务

远程登录是指在网络通信协议 Telnet 的支持下，用户的计算机成为远程计算机的仿真终端。使用 Telnet 可以共享计算机资源，获取有关信息。

3. 文件传输服务

文件传输服务允许用户将一台计算机上的文件传送到另一台上。使用 FTP(File Transfer Protocol，文件传输协议)几乎可以传送任何类型的文件，如文本文件、图像文件、声音文件和压缩文件、可执行文件等。

4. 万维网服务

万维网是一个大规模的、联机式的信息储藏所，它利用链接可使用户找到另一个文档，这些文档可以位于世界上任何一个接在因特网上的超文本系统中。用户仅需要输入一个域名，WWW 就会自动完成。

1.2　网站的域名与 IP 地址

域名(Domain Name)是由一种标准的命名方式来标识 Internet 上的每一台计算机,包括服务器和普通的客户端 PC,用于在数据传输时标识该计算机的电子方位,例如 www.baidu.com。世界上第一个域名是在 1985 年 1 月注册的。

一个完整的域名通常由两段或两段以上字符构成,各个段之间用英文句点“.”分隔,级别最低的域名写在最左边,而级别最高的域名写在最右边。如域名 www.baidu.com,其中 com 部分是顶级域名或一级域名,baidu 部分是二级域名,www 部分是三级域名,若左边部分还有,则称为四级域名,依此类推。由多级域名组成的完整域名总共不超过 255 个字符。

常用的域名和国际代码如表 1-1、表 1-2 所示。

表 1-1　域名分类

域代码	服务类型	域代码	服务类型
com	商业机构	int	国际机构
edu	教育机构	net	网络组织
gov	政府部门	mil	军事组织
org	非盈利组织		

表 1-2　常用国家和地区域代码

国家和地区代码	国家和地区名	国家和地区代码	国家和地区名
au	澳大利亚	hk	香港
br	巴西	it	意大利
ca	加拿大	jp	日本
cn	中国	kr	韩国
de	德国	sg	新加坡
fr	法国	tw	中国台湾
uk	英国	us	美国

网络是基于 TCP/IP 协议进行通信和连接的,网络在区分所有与之相联的网络和主机时均采用了一种唯一通用的地址格式,即每一个与网络相连接的计算机和服务器都被指派了一个独一无二的地址——IP 地址。为了保证网络上每台计算机的 IP 地址的唯一性,户必须向特定机构申请注册,分配 IP 地址。网络中的地址方案分为两套:IP 地址系统和域名地址系统,两套地址系统其实质是一一对应的关系。IP 地址用二进制数来表示,每个 IP 地址长 32 位,由 4 个小于 256 的数字组成,字之间用“.”分隔,如 192.68.0.1。由于 IP 地址是数字标识,使用时难以记忆和书写,因此在 IP 地址的基础上又发展出一种符号化的地址方案来代替数字型的 IP 地址。每一个符号化的地址都与特定的 IP 地址相对应,这

个与 IP 地址相对应的字符型地址就被称为"域名"。

在 Windows 下，域名与 IP 地址之间的关系可以用 ping 命令直接获取，如图 1-1 所示。

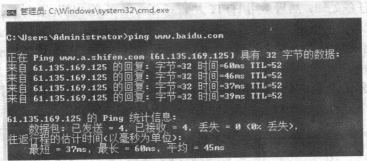

图 1-1　使用 ping 命令由域名获取 IP 地址

1.3　Web 服务器

Web 服务器也称为 WWW(World Wide Web)服务器，一般指网站服务器，即驻留于因特网上某种类型计算机的程序，它可以向浏览器等 Web 客户端提供文档，也可以放置网站文件，让全世界浏览；还可以放置数据文件，让全世界下载。目前常用的 Web 服务器是 Apache 和 Microsoft 的 Internet 信息服务器(Internet Information Services，IIS)。

WWW 是 Internet 的多媒体信息查询工具，是 Internet 上近年才发展起来的服务，也是发展最快和目前用得最广泛的服务。正是因为有了 WWW 工具，才使得近年来 Internet 迅速发展且用户数量飞速增长。

1. Web 服务器特点

(1) 服务器是一种被动程序，只有当 Internet 上运行其他计算机中的浏览器发出的请求时，服务器才会响应，Web 服务器是可以向发出请求的浏览器提供文档的程序。

(2) Web 服务器是一台在 Internet 上具有独立 IP 地址的计算机，可以向 Internet 上的客户机提供 WWW、Email 和 FTP 等各种 Internet 服务。

(3) Web 服务器是指驻留于因特网上某种类型计算机的程序。当 Web 浏览器(客户端)连到服务器上并请求文件时，服务器将处理该请求并将文件反馈到该浏览器上，附带的信息会告诉浏览器如何查看该文件(即文件类型)。服务器使用 HTTP(超文本传输协议)与客户机浏览器进行信息交流，这就是人们常把它们称为 HTTP 服务器的原因。

(4) Web 服务器不仅能够存储信息，还能在用户通过 Web 浏览器提供的信息的基础上运行脚本和程序。

2. Web 服务器工作原理

Web 服务器的工作原理并不复杂，一般可分成 4 个步骤：连接过程、请求过程、应答过程以及关闭连接。下面对这 4 个步骤作简单的介绍。

(1) 连接过程就是 Web 服务器与其浏览器之间所建立起来的一种连接。查看连接过程是否实现，用户可以找到并打开 socket 这个虚拟文件，这个文件的建立意味着连接过程这一步骤已经成功实现。

(2) 请求过程就是 Web 的浏览器运用 socket 这个文件向其服务器提出各种请求。

(3) 应答过程就是运用 HTTP 协议把在请求过程中所提出来的请求传输到 Web 服务器，进而实施任务处理，然后运用 HTTP 协议把任务处理的结果传输到 Web 浏览器，同时在 Web 的浏览器上面展示上述所请求之界面。

(4) 关闭连接就是当上一个步骤——应答过程完成以后，Web 服务器和其浏览器之间断开连接的过程。

Web 服务器的上述 4 个步骤环环相扣、紧密相连，逻辑性强，可以支持多个进程、多个线程以及多个进程与多个线程相混合的技术。Web 服务器的工作原理如图 1-2 所示。

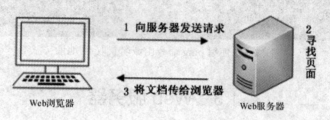

图 1-2　Web 服务器的工作原理

3. Web 服务器(IIS)

Microsoft 的 Web 服务器产品为 Internet Information Services (IIS)，IIS 是允许在公共 Intranet 或 Internet 上发布信息的 Web 服务器产品，是目前最流行的 Web 服务器产品之一，很多著名的网站都建立在 IIS 的平台上。IIS 提供了一个图形界面的管理工具，称为 Internet 服务管理器，可用于监视配置和控制 Internet 服务。

IIS 是一种 Web 服务组件，其中包括 Web 服务器、FTP 服务器、NNTP 服务器和 SMTP 服务器，分别用于网页浏览、文件传输、新闻服务和邮件发送等方面，它使得在网络(包括互联网和局域网)上发布信息成了一件很容易的事。它提供 ISAPI(Intranet Server API)作为扩展 Web 服务器功能的编程接口；同时，它还提供了一个 Internet 数据库连接器，可以实现对数据库的查询和更新。

1.4　网站的工作原理

所有的网站都具有相同的体系结构，即 WWW 客户端/服务器体系结构。本节主要从网站的访问方式、工作过程来介绍有关网站的工作原理。

1. 网络的访问方式

连接到 Internet 上的用户主要有两种类型：一种是最终用户，主要使用 Internet 的各种服务；另一种是 Internet 服务提供商(Internet Server Provider，ISP)，主要通过高档计算机系统和通信设施连接 Internet，为最终用户提供各项 Internet 服务，收取服务费用。国内现在的 ISP 主要有中国联通、中国移动和中国电信等。根据实际需要，最终用户可以通过单机虚拟拨号或局域网专线方式连接 Internet。网站的内容存储于相应的服务器中，Internet 的各种服务都是其服务器通过通信子网向用户提供的，用户是由客户端经过网络连接设备访问相应服务器而获得信息和服务的。

2．网站的工作过程

基于 WWW 客户端/服务器体系结构的网站，客户端通常比较简单，仅仅是已接入 Internet 具有网页浏览器的计算机；而服务器则相对比较复杂，它是网络上一种为客户端计算机提供各种服务的高性能的计算机，它在网络操作系统的控制下，将与其相连的硬盘、打印机及各种专用通信设备提供给网络上的客户站点共享，也能为网络用户提供集中计算、信息发布及数据管理等服务。它的高性能主要体现在高速度的运算能力、长时间的可靠运行、强大的外部数据吞吐能力等方面。

WWW 客户端和服务器可以位于 Internet 的任何位置，它们之间利用标准的 HTTP 协议进行通信。根据服务器的工作状况可以分为静态网站和动态网站两大类。

1) 静态网站

静态网站一般采用静态的 HTML(Hyper Text Mark-up Langage 超文本标记语言)，结合了 JavaScript、图像处理、动画制作、音视频处理、通用网关接口(Common Gateway Interface，CGI)编程和层叠样式表(Cascading Style Sheets，CSS)等技术。静态网页是标准的 HTML 文件，它的文件扩展名是.htm 或.html，可以包含文本、图像、声音、Flash、动画、客户端脚本和 ActiveX 控件及 Java 小程序等。静态网页是网站建设的基础，早期的网站一般都是由静态网页设计技术制作的。静态网页是相对于动态网页而言的，指没有后台数据库、不含程序和不可交互的网页。静态网页相对来说更新起来比较麻烦，适用于一些更新较少的展示型网站。静态网页也可以呈现各种动态的效果，如 gif 格式的动画、FIash 和滚动字幕等。

当服务器接收到访问网页请求时，服务器将读取该请求，查找该网页，然后将其发送到发出请求的浏览器。静态网站客户端与服务器之间的工作主要分为以下 4 个步骤：

(1) 客户端通过浏览器向服务器发出 HTTP 请求，请求一个特定的静态网页。

(2) 该 HTTP 请求通过 Internet 传送到服务器。

(3) 服务器接收到这个请求后，找到所请求的静态网页，利用 HTTP 协议将这个静态网页通过 Internet 发送给客户端。

(4) 客户端接收到这个静态网页，并将其显示在浏览器中。

静态网站客户端与服务器之间的工作过程如图 1-3 所示。

图 1-3　静态网页的工作过程

2) 动态网站

动态网站是指网页文件里包含了程序代码，通过后台数据库与 Web 服务器的信息交互，由后台数据库提供实时数据更新和数据查询服务。这种网页的后缀名称一般根据不同的程序设计语言而有所不同，常见的有.asp、.jsp、.php、.perl 和.cgi 等形式。动态网页能够根据不同时间和不同访问者提出的不同要求而显示不同内容，如常见的论坛、留言板和购物系统等。动态网页的制作比较复杂，需要用到 ASP(Active Server Page，动态服务器页面)、PHP(超文本预处理器)、JSP(Java Server Page，Java 服务器页面)和 ASP.NET 等专门的动态网页设计语言。动态网页是基本的 HTML 语法规范与 Java、VB、VC 等高级程序设计及数据库编程等多种技术的融合，以实现对网站内容和风格的高效、动态和交互式的管理。因此，凡是结合了 HTML 以外的高级程序设计语言和数据库技术进行编程生成的网页都是动态网页。

动态网页是在发送到浏览器之前由应用程序服务器自定义的网页。动态网页要在经过服务器的修改后才被发送到请求浏览器。当服务器接收到对静态网页的请求时，服务器将该网页直接发送到请求浏览器；但是当服务器接收到动态网页的请求时，它将该网页传送给负责完成该页面的应用程序服务器，应用程序服务器读取请求网页上的代码，根据代码中的指令完成该网页，然后将代码从该网页上删除，所得的结果是一个静态网页，应用程序服务器将该网页传递回服务器，然后服务器将该网页发送到请求浏览器。

服务器为动态网页处理请求的步骤如下：

(1) 浏览器请求动态网页。

(2) WWW 服务器查找该网页并将其传递给应用程序服务器。

(3) 应用程序服务器查找该网页的指令并完成该页。

(4) 应用程序服务器将完成的网页发送到 WWW 服务器。

(5) WWW 服务器将完成的网页发送到请求浏览器。

动态网站客户端与服务器之间的工作过程如图 1-4 所示。

图 1-4　动态网页的工作过程

1.5　网站的 B/S 架构

B/S 结构(Browser/Server，浏览器/服务器模式)，是 Web 兴起后的一种网络结构模式。B/S 结构是对 C/S(Client/Server)结构的一种改进。从本质上说，B/S 结构也是一种 C/S 结构，可把它看做是一种由传统的二层模式 C/S 结构发展而来的三层模式 C/S 结构在 Web 上应用的特例。

B/S 结构主要是利用了不断成熟的 Web 浏览器技术，结合浏览器的多种脚本语言和 ActiveX 技术，用通用浏览器实现原来需要复杂专用软件才能实现的强大功能，同时节约了开发成本。

1. B/S 结构的主要优点

(1) B/S 建立在浏览器上，以更加丰富和生动的表现方式与用户交流，并且大部分难度减低，降低了开发成本。

(2) 具有分布性特点，可以随时随地进行查询、浏览等业务处理。

(3) 扩展简单方便，通过增加网页即可增加服务区功能。

(4) 维护和升级简单方便，只需要改变网页即可实现所有用户的同步更新，所有的维护和升级操作只需要针对服务器进行。

(5) 开发简单，共享性强。

B/S 最大的优点就是可以在任何地方进行操作而不用安装任何专门的软件，只要有一台能上网的电脑就能使用，客户端零安装、零维护，系统的扩展非常容易。这种模式统一了客户端，将系统功能实现的核心部分集中到服务器上，简化了系统的开发、维护和使用。客户机上只要安装一个浏览器，如 Netscape Navigator 或 Internet Explorer，服务器安装 SQL Server、Oracle、MYSQL 等数据库即可。浏览器通过 Web Server 同数据库进行数据交互。

2. B/S 结构的主要缺点

(1) 个性化特点明显降低，无法实现具有个性化的功能要求。

(2) 以鼠标为基本操作方式，无法满足快速操作的要求。

(3) 页面动态刷新，响应速度明显降低。

(4) 无法实现分页显示，给数据库访问造成较大压力。

(5) 功能弱化，难以实现传统模式下的特殊功能要求。

1.6 网站编程语言

随着网站的普及，与 Web 相关的技术开发不断更新，从前端到后台，从标记语言到开发语言，各种技术交相辉映。从开始简单的 HTML 到复杂的 Web 开发语言。目前 Web 服务器端编程语言主要有 HTML5 和 CSS3、ASP、PHP、JSP、ASP.NET 及 CGI 等。下来将分别进行介绍。

1. HTML5

HTML5 是用于取代 1999 年制定的 HTML4.01 和 XHTML1.0 标准的 HTML 标准版本，现在仍处于发展阶段，但大部分浏览器已经支持某些 HTML5 技术。HTML5 有两大特点：首先，强化了 Web 网页的表现性能；其次，追加了本地数据库等 Web 应用的功能。广义的 HTML5 实际指的是包括 HTML、CSS 和 JavaScript 在内的一套技术组合，旨在减少浏览器对于需要插件的众多的网络应用服务的需求，如 Adobe Flash、Microsoft silverlight 以及 oracle JavaFX 的需求，并且提供更多能有效增强网络应用的标准集。

HMTL5 对互联网的很多方面作出了改进，使网站具备更丰富的功能，包括跟踪用户位置和在云计算平台中存储更多数据等。在一些简单的功能方面，HTML5 将会取代插件，它可为广大用户提供更强大的信息处理能力。此外，HTML5 还可使互联网访问变得更加安全和高效。HTML5 具有如下特性：

(1) 语义特性(Class: Semantic)。HTML5 会赋予网页更好的意义和结构，构建对程序、对用户更有价值的数据驱动 Web。

(2) 本地存储特性(Class: Offline & Storage)。基于 HTML5 开发的网页 APP 拥有更短的启动时间，更快的联网速度。

(3) 设备兼容特性(Class: Device Access)。HTML5 为网页应用开发者提供了更多功能上的优化选择，带来了更多体验功能。HTML5 提供了前所未有的数据与应用接入开放接口，使外部应用可直接与浏览器内部的数据相联，譬如：视频影音可直接与 microphones 及摄像头相联。

(4) 连接特性(Class: Connectivity)。更有效的连接效率使得基于页面的实时聊天、更快速的网页游戏体验、更优化的在线交流得到实现。HTML5 拥有更有效的服务器推送技术，Server-Sent Event 和 Web Sockets 就是其中的两个特性，这两个特性能帮助我们实现服务器将数据"推送"到客户端的功能。

(5) 网页多媒体特性(Class: Multimedia)。支持 Audio、Video 等多媒体功能，与网站自带的 APPS、摄像头、影音功能相得益彰。

(6) 三维、图形、特效特性(Class: 3D, Graphics & Effects)。基于 SVG、Canvas、WebGL、CSS3 的 3D 功能，给用户呈现出震撼的视觉效果。

(7) 性能、集成特性(Class: Performance & Integration)。解决了以前的跨域问题，使得 Web 应用和网站在多样化的环境中更快速地工作。

(8) CSS3 特性(Class: CSS3)。CSS3 中提供了更多的风格、更强的效果。此外，较以前的 Web 排版，Web 的开放字体格式也提供了更高的灵活性和控制性。

2. CSS3

CSS3 是 CSS 技术的升级版本，它的开发是朝着模块化发展的。CSS3 分解为很多小的模块，主要包括盒子模型、列表模块、超链接方式、语言模块、背景和边框、文字特效、多栏布局等。

3. ASP

ASP 是微软(Microsoft)公司开发的一种后台脚本语言，其特点如下：

(1) 利用 ASP 可以实现动态网页设计。

(2) ASP 文件是包含在 HTML 代码所组成的文件中的，易于修改和测试。

(3) 服务器上的 ASP 解释程序会在服务器端制定 ASP 程序，并将结果以 HTML 格式传送到客户端浏览器上，因此使用各种浏览器都可以正常浏览 ASP 所产生的网页。

(4) ASP 提供了一些内置对象，使用这些对象可以使服务器端脚本功能更强。例如可以从 Web 浏览器中获取用户通过 HTML 表单提交的信息，并在脚本中对这些信息进行处理，然后向 Web 浏览器发送信息。

(5) ASP 可以使用服务器端 ActiveX 组建来执行各种各样的任务，例如存取数据库、访问文件系统等。

(6) 由于服务器是将 ASP 程序执行的结果以 HTML 格式传回客户端浏览器，因此使用者不会看到 ASP 所编写的原始程序代码，可防止 ASP 程序代码被窃取，具有一定的安全性。

4. ASP.NET

ASP.NET 是 Microsoft .NET 的一部分，作为战略产品，它不仅仅是 ASP 的下一个版本，它还提供了一个统一的 Web 开发模型，其中包括开发人员编写企业级 Web 应用程序所需的各种服务。ASP.NET 的语法在很大程度上与 ASP 兼容，同时它还提供一种新的编程模型和结构，可生成伸缩性和稳定性更好的应用程序，并提供更好的安全保护。可以通过在现有 ASP 应用程序中逐渐添加 ASP.NET 功能，随时增强 ASP 应用程序的功能；

ASP.NET 是一个已编译的、基于 .NET 的环境，可以用任何与 .NET 兼容的语言(包括 Visual/Basic/.NET/C# 和 Jscript.NET)创作应用程序。另外，任何 ASP.NET 应用程序都可以使用整个 .NET Framework。开发人员可以方便地获得这些技术的优点，包括托管的公共语言运行库环境、类型安全和继承等。

5. PHP

PHP 是一种 HTML 内嵌式的语言，它混合了 C、Java、Perl 以及 PHP 自创新的语法，能够比 CGI 或者 Perl 更快速地执行动态网页。PHP 是将程序嵌入到 HTML 文档中去执行，执行效率比完全生成 HTML 标记的 CGI 要高许多。PHP 具有非常强大的功能，所有的 CGI 的功能 PHP 都能实现。PHP 支持几乎所有流行的数据库以及操作系统。

PHP 的源代码完全公开，不断地有新的函数库加入，不停地更新，使得 PHP 无论在 UNIX 或是 Win32 平台上都有更多新的功能。它提供丰富的函数，使得在程序设计方面有着更好的资源。目前 PHP 的最新版本为 4.1.1，它可以在 Win32 及 UNIX/Linux 等几乎所有的平台上良好地工作。PHP 在 4.0 版后使用了全新的 Zend 引擎，它的效率比传统 CGI 或者 ASP 等技术有了更好的表现。平台无关性是 PHP 的最佳特性。

6. JSP

在形式上 JSP 和 ASP 或 PHP 看上去很相似，都可以嵌入 HTML 代码中；但是 JSP 的执行方式和 ASP 或 PHP 完全不同，JSP 文件被 JSP 解释器转换成 Servlet 代码，然后 Servlet 代码被 Java 编译器编译成.class 字节文件，这样就由生成的 Servlet 代码来对客户进行应答。所以，JSP 可以看做是 Servlet 的脚本语言版。

JSP 是基于 Java 的，它也具有 Java 语言的最大优点——平台无关性。除了这个优点外，JSP 还具有高效率和高安全性等优点。

在调试 JSP 代码时，如果程序出错，JSP 服务器会返回出错信息，并在浏览器中显示。这时，由于 JSP 是先被转换成 Servlet 后再运行的，因此浏览器中所显示的代码出错的行数并不是 JSP 源代码的行数，而是指转换后的 Servlet 程序代码的行数，这给调试代码带来一定困难。所以，在排除错误时，可以采取分段排除的方法(即在可能出错的代码前后输出一些字符串，用字符串是否被输出来确定代码段从哪里开始出错)，逐步缩小出错代码段的范围，最终确定错误代码的位置。

7. CGI

CGI(Common Gateway Interface，公共网关接口)是最早被用来建立动态网站的后台技术，这种技术可以使用各种语言来编写后台程序，如 C、C++、Java 及 Pascal 等。但是目前在 CGI 中使用最为广泛的是 Perl 语言，所以，狭义上所指的 CGI 程序一般都是指 Perl 程序，一般 CGI 程序的后缀都是 .pl 或 .cgi。CGI 程序在运行的时候，首先是客户向服务器上的 CGI 程序发送一个请求，服务器接收到客户的请求后，就会打开一个新的 Process(进程)来执行 CGI 程序，处理客户的请求，CGI 程序最后将执行的结果传送给客户。由于 CGI 程序每响应一个客户就会打开一个新的进程，因此当有多个用户同时进行 CGI 请求时，服务器就会打开多个进程，这样就加重了服务器的负担，使服务器的执行效率变得越来越低，所以 CGI 方式不适合于开发访问量较大的网站。

对于一个客户而言，语言的选择并不是很重要，实现预期的功能是最重要的，况且这几种编程语言都可以实现复杂的功能。但是，不同的编程语言的安全性、执行效率、成本是不一样的。通俗来说，ASP 最简单，但是安全性和执行效率一般；PHP 稍复杂，安全性和执行性较高，而且 PHP 有着很多自身的优势，比如跨平台应用等；JSP 则属于电子商务级别的，执行效率最高，但是 Java 语言学习起来难度较大，开发周期较长，服务器环境复杂，技术要求较高，对电子商务要求不高的中小企业不推荐采用该语言。

1.7　文中常用术语

学习网页设计，有必要对网页设计中常用的专业术语作一个全面的了解。下面把文中涉及的一些术语作简单解释。

(1) URL (Uniform Resource Locator)：统一资源定位符，用户指明通信协议和地址，以获取网络的各种信息服务，例如：http://www.geogle.com。

(2) FTP(File Transfer Protocol)：文件传输协议，即允许互联网用户将一台计算机上的文件传送到另一台计算机上的软件标准。FTP 是一种实时的连接端服务，因此它几乎可以传送任何类型的文件。

(3) SEO(Search Engine Optimization)：汉译为搜索引擎优化，主要目的是增加特定关键字的曝光率以增加网站的能见度，进而增加销售的机会。它分为站外 SEO 和站内 SEO 两种。SEO 的主要工作是通过了解各类搜索引擎如何抓取互联网页面、如何进行索引以及如何确定其对某一特定关键词的搜索结果排名等技术，来对网页进行相关的优化，使其提高搜索引擎排名，从而提高网站访问量，最终提升网站的销售能力或宣传能力的技术。

SEO 是通过采用易于搜索引擎索引的合理手段，使网站对用户和搜索引擎更友好，从而更容易被搜索引擎收录及优先排序。搜索引擎优化是一种搜索引擎营销指导思想，而不仅仅是对百度和 Google 等的排名。搜索引擎优化工作贯穿网站策划、建设、维护全过程的每个细节，值得网站设计、开发和推广的每个参与人员了解其职责对 SEO 效果的影响。

(4) 域名解析：实现域名到 IP 地址的转换，由 DNS 服务器完成，DNS 服务器的配置如图 1-5 所示。

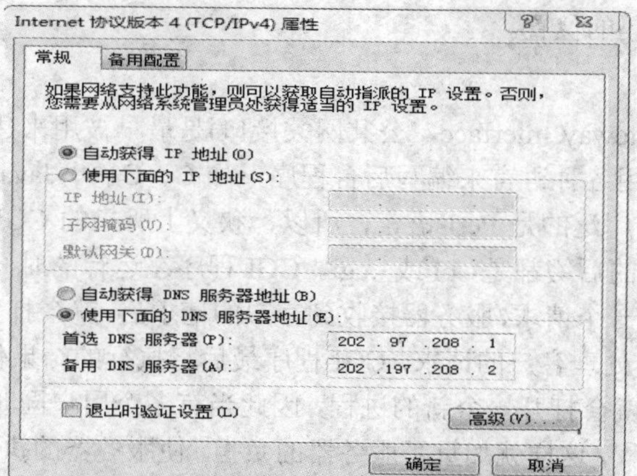

图 1-5　DNS 服务器的配置

文中涉及的常用英文缩写的含义、解释参照表 1-3 所示。

表 1-3　英文缩写中文对照

名称	解　释
Logo	网站的标志
Banner	网站宣传
DNS	Domain Name System 域名系统，域名和 IP 的互相映射的数据库
B2B	Business to Business 企业到企业的电子商务模式
B2C	Business to Customer 企业到用户的电子商务模式
cookies	存储在用户本地的、记录用户浏览网页行踪的数据
WWW	万维网，是一个基于超级文本的信息查询工具
SOHO	Small Office Home Office，家居办公

思　考　题

1．域名和 IP 地址之间是什么关系？如何由域名获得相应的 IP 地址？
2．网站的工作原理是什么？
3．网站的 B/S 结构的优缺点是什么？
4．常见的网站编程语言有哪些？
5．什么是 DNS？它的作用是什么？
6．Internet 提供的主要功能有哪些？

第 2 章　网站的规划与开发

网站是信息资源交流的平台和信息资源服务的窗口。网站的规划和设计过程是一项复杂而细致的工作。要开发一个优秀的、实用的网站，需要对网站的需求作深入分析，运用科学的方法进行规划和设计，还要根据网站的内容和特点，采用先进的技术，按照一定的设计流程、原则和规范，将网站的主题内容和表现形式有机地结合起来，设计制作出内容丰富、形式多样、使用方便的功能型和服务型应用网站。

2.1　网　站　开　发

网站开发是指使用标记语言，通过一系列设计，将电子格式的信息通过互联网传输，最终以图形用户界面的形式被用户所浏览。简单来说，网页设计的目的就是制作网站。简单的信息如文本(文字、字符、数字和符号等)、图片(.GIF / .JPG / .PNG 等)、音频、视频、动画和表格等，都可以通过使用超文本标记语言或可扩展超文本标记语言等放置到网站页面上。

2.1.1　网站开发流程

网站开发是一个复杂的工作，要按照管理一个工程项目的方法来管理和控制。网站的开发流程主要有以下几个阶段：

1．客户申请

由客户提出网站建设基本要求和提供相关的文本及图像资料，包括网站基本功能和网站的基本设计要求等。

2．制定网站开发建设方案

设计方根据客户提出的网站建设基本要求与客户就网站建设内容进行协商、修改和补充，最终达成共识，设计方以此为基础，编制《网站开发建设方案》，双方确定网站建设方案具体细节即网站建设开发费用等。该文档是双方对网站项目进行备查和验收的依据，主要内容包括：(1) 客户情况分析；(2) 网站需要实现的功能和目标；(3) 网站形象说明；(4) 网站的栏目版块和结构；(5) 网站内容的安排及相互链接关系；(6) 软件、硬件和技术分析说明；(7) 开发时间进度表；(8) 宣传推广方案；(9) 网站维护方案；(10) 制作成本；(11) 设计队伍简介(成功作品、技术和人才说明等)。

3．签订相关协议

设计方和客户根据《网站开发建设方案》签订《网站开发建设协议》，客户支付预付款，客户提供网站建设需要的相关内容资料(文本、图像和音频、视频等)。

4．申请域名

申请域名需遵循先申请先注册原则，每个域名都是独一无二的。设计方可以帮助客户根据其企业性质和需要申请相应的域名。

5．申请网站空间

域名申请后，还需要存放网站的空间，这个存放网站的空间就是服务器。对于网站的存放空间，要根据客户的性质和经济实力进行购买、搭建或租赁服务器硬盘空间。

6．总体设计

这一阶段由设计方根据《网站开发建设方案》的要求，完成以下内容：

(1) 分析网站功能和需求，编写《网站项目需求说明书》，以客户满意为准，并由客户签字认可。《网站项目需求说明书》应根据客户的网站建设申请和要求进行细化，其中主要应对网站的功能和设计要求进行详细描述，使客户和设计方都能准确无误地理解每一个要求。《网站项目需求说明书》的基本要求是：① 正确性。必须准确地描述清楚每个功能的要求。② 可行性。必须明确每个功能在现有技术能力和系统环境下可以实现。③ 必要性。必须明确每个功能能否按时交付，是否可以在削减开支时"砍"掉。④ 检测性。如果开发完毕，客户可以根据需求进行检测。

(2) 根据《网站项目需求说明书》，设计者需对网站项目进行总体设计，编制一份《网站总体设计技术方案》，这是给设计人员使用的技术文档，主要内容包括：① 网站系统性能定义；② 网站运行的软件和硬件环境；③ 网站系统的软件和硬件接口； ④ 网站功能和栏目的设置及要求； ⑤ 主页面及次页面的大概数量；⑥ 网页和程序的链接结构；⑦ 数据库概要设计； ⑧ 网站页面总体风格及美工效果；⑨ 网站用户初步界面；⑩ 各种页面特殊效果及其数量。除此之外，还有项目管理及任务分配、项目完成时间及进度、明确项目完成后的维护责任等。

7．详细设计

详细设计阶段的任务就是把设计项目具体化，包括网页模板设计和应用程序设计，需要写出每个网页或程序的详细设计文档，这些文档包含必要的细节，如首页版面、色彩、图形图像、动态效果、图标等风格设计；内容网页的布局、字体、色彩等；功能程序的界面、表单、需要的数据等；还有菜单、标题、版权等模块设计。详细设计过程还要有详细的设计记录，如功能模块变更记录、模板样式修改记录、变量参数调整记录和链接关系变更记录等，以备设计组成员之间的协调设计和日后维护参考。

8．网站的测试与发布

这一阶段由客户根据协议内容和要求进行测试和审核，主要对网页的速度、兼容性、交互性、链接正确性、程序的健壮性和超流量等进行测试，发现错误立刻记录并反馈给设计人员进行修改。测试人员对每项测试都应有完整的测试记录，内容包括测试项目、测试内容、测试方法、测试过程、测试结果、修改建议、测试人员和测试时间等。

经测试、修改、验收合格后发布网站，并做好发布记录(记录包括发布的内容和时间、发布到网站上的位置)。若是修改后的更新发布，则应保存并注明原内容。客户支付开发费用余款等。

9．完善资料，网站推广维护

这一阶段设计方进一步完善开发所用的资料，向客户提交《网站维护说明书》。维护可以由设计方进行，也可由客户自行维护。若由设计方维护，设计方根据《网站开发建设协议》和《网站维护说明书》的相关条款对客户网站进行维护和更新。

2.1.2　网站的设计原则

规划与设计一个符合要求、受欢迎的网站，至少应该遵循以下基本原则：

1．明确网站设计的目的与用户需求

网站的设计是展现企业形象、宣传产品及服务、体现企业发展战略的重要途径。因此，必须明确设计网站的目的和用户需求，从而作出切实可行的计划。首先必须根据用户的需求、社会市场的状况、企业自身的情况等进行综合分析，明确建设网站的目的、企业能提供的服务、网站的使用对象的基本特点(如受教育程度、收入水平、需要信息的范围及深度)等。

2．总体设计方案主题鲜明

在目标明确的基础上，完成网站的构思创意，即总体设计方案。对网站的整体风格和特色进行定位，规划网站组织结构。网站应针对所服务对象的不同而具有不同的形式。有些网站只提供简洁的文本信息；有些则采用多媒体表现手法，提供华丽的图像、闪烁的灯光、复杂的页面布置，甚至可以下载声音和录像片段。一个好的网站是把图像表现手法和有效的组织与通信结合起来，主题鲜明突出、要点明确，以简单朴实的语言和画面体现网站的主题，调动一切手段充分表现网站的个性，突出网站的特色。

3．各网页形式与内容相统一

要将丰富的意义和多样的形式组织成统一的页面结构，形式语言必须符合页面的内容，体现丰富的内涵。运用对比与调和、对称与平衡、节奏与韵律及留白等手段，通过文字、空间、图形相互之间的关系建立整体的均衡状态，产生和谐的美感。如对称原则在页面设计中，它的均衡有时会使页面显得呆板，如果加入一些富有动感的文字、图案，或采用夸张的手法来表现，往往会达到比较好的效果。点、线、面是视觉语言中的基本元素，使用点、线、面的互相穿插、互相衬托、互相补充，构成最佳的页面效果。网页设计中点、线、面的运用并不是孤立的，很多时候都需要互相结合起来，表达完美的设计意境。

4．网站版式结构清晰

网站版式设计讲究布局，应通过文字、图形和图像等进行空间组合，表达出和谐的美感。多页的网站各页面的编排设计要求把各页面之间的链接关系清晰地反映出来，尤其要处理好页面之间及页面内的版面和内容的关系，使得版式设计结构清晰。

5．多媒体技术的合理利用

网站资源的优势之一是多媒体功能。要吸引浏览者注意力，页面的内容可以用二维动画、三维动画、音频、视频来表现。但要注意，由于网络带宽的限制，在使用多媒体形式表现网页的内容时，应考虑到客户端的传输速度。

6．网站的信息交互能力要强

如果一个网站只是为访问者提供浏览，而不能引导浏览者参与到网站内容的部分建设中去，那么它的吸引力是有限的。只有当浏览者能够很方便地和信息发布者进行信息交互时，该网站的魅力才能充分体现出来，所以要注重加强网站信息的交互能力。

7．保证安全快速访问

因特网运行的最大瓶颈是网页的传送速度。足够的带宽是快速访问的保证，但现实的带宽并不能真正满足网页的快速访问，所以在进行网站规划设计时，就要考虑如何使网页能更快地被访问。

8．网站信息的及时更新

网站信息必须经常更新，让浏览者及时了解企业的发展动态。如果网站上线了几年，还是和当初发布时一样，甚至有的联系方式都已经改变，网站上却没有更新，这样有损企业形象。从营销的角度来讲，网站不仅是一个企业的门面，更是一个重要的营销工具，所以及时更新内容是网站建设的重要原则。

2.2 网 站 规 划

在开始制作网站之前，应该根据客户提供的设计需求，构思出网站项目的整体规划。网站的规划主要应该从以下几方面进行：网站市场规划、网站的功能规划、网站技术方案规划、网站内容规划、网站管理与维护规划、网站建设日程规划和网站建设费用规划等。

网站规划大致分为项目策划、网站地图、网站布局和网站配色，其中，项目策划的主要任务是明确网站的设计目的，制定与之相符的设计方案；完成项目策划后，建立相应的网站地图，并针对网站类型和风格选择色调和配色，最后进行页面结构的布局工作，大致画出各个重要页面的设计草图，以便在制作过程中有章可循。

下面以开发学校网站为例进行简要分析。

1．设计网站的简要策划书

设计一个如图 2-1 所示的简要策划书。

网站名称：黄河科技学院

网站目标：对外宣传、形象展示和沟通交流

    1、展示校园文化、教师风采、教育理念等，体现办学实力

    2、树立学校新形象新品牌

    3、学校的信息化和网络化

网站栏目分布：网站首页—学校概况

    —机构设置

    —新闻中心

    —诚聘英才

    —教学科研

    —学生工作

    —招生就业

    —网络服务

网页分辨率：1024*768

网站风格：简洁

图 2-1 网站的简要策划书

2．设计网站的结构草图

有了比较完整的规划后,结合主题设计出网站各网页的结构草图(见图 2-2),可以手绘,也可以使用图像处理工具完成。

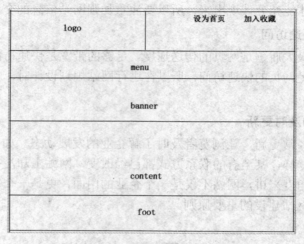

图 2-2　结构草图

3．网站的目录结构

网站的目录是指建立网站时所创建的目录(如图 2-3 所示)。当网站涉及多个尤其是成千上万页面时,往往就需要有个清晰的网站结构,来确保搜索引擎和用户的访问。网站的目录结构对于网站资源的管理、更新和维护非常重要,因此,在制作之前,应该规划好自己网站的目录结构。

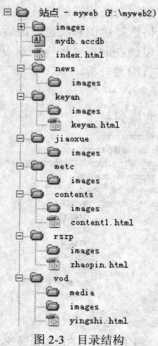

图 2-3　目录结构

目录建立的原则是以最少的层次提供最清晰简便的访问结构，需要注意以下几点：

(1) 目录的命名由小写英文字母、下划线组成。

网站文件命名的原则：以最少的字母达到最容易理解的意义的目标。① 每一个目录中应该包含一个缺省的 HTML 文件，文件名统一用 index.html；② 文件名称统一用小写的英文字母、数字和下划线的组合；③ 尽量不要用中文文件名或者过长的文件名；网站的目录名和文件名最好能与其中放置的内容相符。由于浏览器不同，有些系统不支持中文字符或过长的目录名，因而会影响浏览。

(2) 根目录一般只存放 index.html 及其他必需的系统文件。

如果把所有文件都放在根目录中，容易造成文件管理混乱。如果把文件上传到申请的网站上，Web 服务器一般都会为根目录建立一个文件索引，如果把所有文件都放在根目录下，那么在维护时，即使上传更新了一个文件，服务器也要将所有文件再检查一遍，延长了等待时间。

(3) 每个主要栏目开设一个相应的独立目录，目录路径不要超过 3 层。

(4) 根目录下的 images 用于存放各页面都要使用的公用图片文件，子目录下的 images 目录存放本栏目页面使用的私有图片文件。

(5) 所有 JSP、ASP 和 PHP 等脚本文件存放在根目录下的 scripts 目录。

(6) 所有 CGI 程序文件存放在根目录下的 cgi-bin 目录。

(7) 所有 CSS 文件存放在根目录下的 style 目录。

(8) 每个语言版本存放于独立的目录中。

(9) 所有 Flash、AVI、Ram 和 Quicktime 等多媒体文件存放在根目录下的 media 目录。

4．网页布局

网页中各主要栏目之间要求使用一致的布局，包括一致的页面元素、一致的导航形式，使用相同的按钮、相同的顺序，子页的布局可以和首页不完全相同。(网页布局的相关知识将在第 7 章中详细介绍。)

5．网页配色

(1) 用一种色彩。这里是指先选定一种色彩，然后调整透明度或者饱和度，产生新的色彩，用于网页。这样的页面看起来色彩统一，有层次感。

(2) 用一个色系。简单地说就是用一个感觉的色彩，例如淡蓝、淡黄、淡绿；或者土黄、土灰、土蓝。也就是在同一色系里面采用不同的颜色使网页增加色彩而又不花，色调统一。这种配色方法在网站设计中最为常用。

(3) 灰色在网页设计中又称为"万能色"，其特点是可以和任何颜色搭配。在网页配色中，尽量控制在三种色彩以内，以避免网页花、乱、没有主色的显现。背景和前文的对比尽量要大，绝对不要用花纹繁复的图案作背景，以便突出主要文字内容。

6．准备素材

网站中用到的素材很多，包括文字、图片、声音、视频、动画等。在制作过程中，往往需要借鉴网络中已有的资源。

7．网页制作

根据预先规划的网站布局进行版面内容的添加，完成页面的制作。例如首页版面的效果图，如图 2-4 所示。

图 2-4　首页版面效果

2.3　网 站 的 测 试

　　Web 网站系统的设计开发人员一旦完成开发工作后，必须保证所有 Web 网站系统的组成部分能够配合起来正常工作。因此，网站测试工作十分重要。

　　网站测试除了要求外观的一致性以外，还要求其在各个浏览器下的兼容性，以及在不同分辨率、不同环境下的显示差异。

　　用户可以通过使用 Web 浏览器，把设计和制作完成的 Web 网站系统从主页开始，逐页地进行检查，以便保证所有的 Web 网页都有不错的外观，而且没有任何错误。有时候，在不同浏览器中显示的效果可能并不一样，但只要两者都能兼顾，不影响 Web 网页内容的表达，就可以认为通过了 Web 浏览器的测试。主要测试的内容有：

1. 功能测试

　　(1) 链接测试。链接是 Web 应用系统的一个主要特征，它是在页面之间切换的主要手段。链接测试必须在集成测试阶段完成。链接测试的内容有：测试所有的链接是否能链接到指定页面；测试所链接的页面是否存在；保证 Web 上没有孤立页面，所谓孤立页面，是指没有链接指向该页面，只有知道正确的 URL 地址才能访问的页面。

　　(2) 表单测试。当用户给 Web 应用系统管理员提交信息时，就需要提交表单操作，例如用户注册、登录等。在这种情况下，需要测试提交操作是否完整；提交的信息错误时，系统是否会提示等。

　　(3) cookies 测试。cookies 通常用来存储用户信息和用户在某应用系统上的行踪。如果 Web 应用系统使用了 cookies，就必须检查 cookies 是否能正常工作，而且要对这些信息加密。测试的内容可包括 cookies 是否起作用，是否按预订的时间进行保存，刷新对 cookies 有什么影响等。

(4) 数据库测试。一般情况下，可能发生两种错误，分别是数据一致性错误和输出错误。数据一致性错误主要是由于用户提交的表单信息不正确而造成的，而输出错误主要是由于网络速度或程序设计问题引起的，可以针对这两种情况，分别进行测试。

2．性能测试

(1) 连接速度测试。用户连接到网站的速度与上网方式有关。

(2) 负载测试。在某一负载级别下，检测网站的实际性能。也就是能允许多个用户同时在线，可以通过相应的软件在一台客户机上模拟多个用户来测试负载。

(3) 压力测试。测试系统的限制和故障恢复能力。

3．安全性测试

它需要对网站的安全性(服务器安全、脚本安全)及可能有的漏洞进行测试，还要对攻击性、错误性进行测试；对网站的客户服务器应用程序、数据、服务器、网络、防火墙等进行测试。

4．基本测试

基本测试包括色彩的搭配、连接的正确性、导航的方便和正确、CSS 应用的统一性。

5．网站优化测试

网站优化做好了，对于百度的收录很有效。网站优化主要看搜索引擎优化(SEO)效果，检测主要分为排名检测、收录检测、转化率检测和外联检测。

(1) 排名检测。在对网站优化操作完成一段时间后，为了完整地了解工作成果，要系统性地检测关键词排名情况。除了检测首页目标关键词排名之外，还要检测典型分类页面目标关键词或文章页面关键词。针对排名检测，最好养成良好习惯，用一张 EXCEL 表格仔细记录你需要检测的关键词，然后定期检查它们的排名情况，这样下来就可以对自己网站发展情况有更加完整和形象的认识。

(2) 收录检测。收录检测主要检测三方面内容，即总收录数量、特征页面收录数量以及各分类页面收录数量。总收录数量大致表明了网站受搜索引擎欢迎的程度，反映了网站整体运作健康状况。特征页面数量收录情况反映了网站内页优化情况，可以从一定程度上看出你在常用关键词方面做的工作是否起到了效果。而各分类页面收录数量则可以让你对整个网站不同部分收录情况有一个整体把握，好在后期给出针对性措施。

(3) 转化率检测。现在做 SEO 有一个误区，以为关键词排名就是最终目的。其实对企业来说，关键词排名可以认为只是"过程"，最终导致业务量增加才是最终目的，因此我们在工作过程中注重转化率检测是非常有必要的。站长们可以建立一个表，记录不同时期网站来访流量和业务单数对比图。如果发现业务量增长显著跟不上流量增长，那就证明优化方向上出现了偏差，一般来说很可能是关键词定位不够准确，在这种情况下，就要仔细分析网站目标客户群体是什么人，他们在互联网上搜索习惯是怎么样的，然后重新制定网站关键词，进行优化改进。

(4) 外链检测。外链数目也是 SEO 优化效果中很重要的一部分，我们主要检测首页外链数、网站总外链数、特征页面外链数等。

　　网站测试可以检测网站的完整性和稳定性，只有保障了网站的稳定性，才能吸引更多的用户前来浏览，所以网站测试是网站建设中非常重要的一个环节。

思 考 题

1．网站规划和设计的基本原则是什么？
2．网站建设需要那几个阶段？各个阶段的任务是什么？
3．网站测试的主要内容是什么？
4．创建站点的目录结构的注意事项是什么？
5．网站的开发流程是什么？

第 3 章　Dreamweaver CS5 基础

在当前流行的"所见即所得"的网页制作软件中，Dreamweaver 无疑是使用最广泛且最优秀的软件。Dreamweaver 在 2005 年以前是 Macromedia 公司出品的一款集网页制作和网站管理于一体的软件。在 2005 年以后，归到 Adobe 公司门下，无论用户愿意享受手工编写 HTML 代码时的驾驭感还是偏爱在可视化编辑环境中工作，Dreamweaver 都提供了有用的工具，使用户拥有更加完美的 Web 创作体验。目前，Dreamweaver 的最高版本为 Dreamweaver CS5.5。Dreamweaver 与 Fireworks、Flash 合称为网站制作"三剑客"，通过它们完美的结合，可以设计出丰富多彩的多媒体网页。Dreamweaver CS5 是目前应用较普遍的版本。

本章主要介绍 Dreamweaver CS5 的基础知识、操作界面和站点管理功能。

3.1　Dreamweaver CS5 简介

作为网页制作软件，Dreamweaver 提供了功能强大的可视化设计工具和简练的代码编辑环境，将设计和代码编辑器合二为一，提供完整的集成开发环境，可以开发 HTML、XHTML、XML、ASP、ASP.NET、JSP、PHP 等类型的页面(如图 3-1 所示)，还可以通过插件定制和扩展开发环境，提供强大的网站管理和跨浏览器兼容性检查功能，使开发人员能够快捷地创建规范的 Web 应用程序，构建功能强大的网络服务体系。

与早期的版本相比，Dreamweaver CS5 性能得到了明显的提升。例如：

(1) 集成 Adobe BrowserLab。Dreamweaver CS5 集成了 Adobe BrowserLab(一种新的 CSLive 在线服务)，该服务为跨浏览器兼容性测试提供快速准确的解决方案。

(2) 集成了 Business Catalyst，便于 Web 设计人员构建数据驱动的基本 Web 站点和功能强大的在线商店。

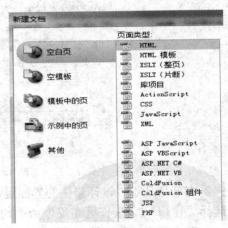

图 3-1　页面类型

(3) 提供了增强的实时视图功能。在实时视图模式下激活视图中的链接，允许您与服务器端程序和动态数据交互，网页的调试更方便。

(4) CSS 检查。以可视化方式详细显示 CSS 框模型，包括填充、边框等，不需要读取代码，也不需要其他实用程序。

(5) CSS 起始布局。以更简化和容易理解的类替代 Dreamweaver CS4 布局中的子代选择器。

(6) 对 CMS 的支持。尽享对 WordPress、Joomla 和 Drupal 等内容管理系统框架的创作和测试支持。

(7) PHP 自定义类代码提示。PHP 自定义类代码提示显示 PHP 函数、对象和常量的正确语法，有助于输入更准确的代码。

(8) 动态相关文件。允许搜索所有必要的外部文件和脚本，以组合 PHP 的内容管理系统(CMS)页面，以及在"相关文件"工具栏中显示其文件名。

Dreamweaver CS5 易学、易用，只要掌握了其基本操作方法，即使初学者也能制作出具有专业水平的网页。

3.2　Dreamweaver 编辑环境

Dreamweaver CS5 安装好后第一次启动时，会弹出如图 3-2 所示的"工作区设置"窗口，可以根据用户的开发习惯，在两种编辑界面"设计器"和"编码器"中任选其一。两者的区别如下：

"设计器"界面：可以在可视化界面中进行网页制作，建议初学者选择"设计器"(默认选择)。

"编码器"界面：直接用代码设计网页，难度较大。

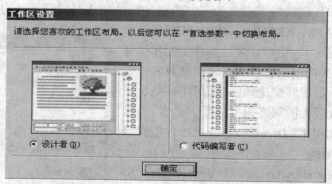

图 3-2　"工作区设置"窗口

本书是基于"设计器"的界面进行演示和讲解的。如果日后想改变工作区设置，可以选择"窗口"|"工作区布局"命令切换这两种界面。

在启动后，默认显示"起始页面"，如图 3-3 所示。用户可以在这个页面中创建文档或打开最近使用过的文档，还可以通过产品介绍或教程了解关于 Dreamweaver 的更多信息。

在起始页面的左侧区域，可以看到有三列内容，分别为"打开最近的项目"、"新建"、"主要功能"，具体含义如下：

· "打开最近的项目"：这部分罗列出了最近使用过的文件，也可以单击"打开"按钮，查找已经存在的文件。

- "新建"：Dreamweaver CS5 可以创建多种格式的文档，根据用户的需要进行选择，创建新文档。
- "主要功能"：这部分罗列出了 Dreamweaver CS5 更新的主要功能。

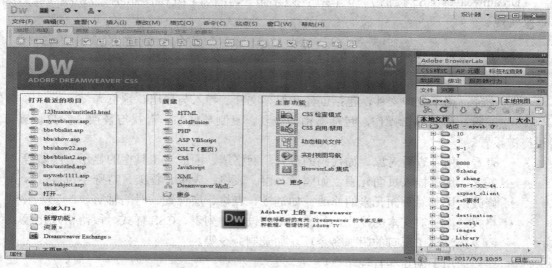

图 3-3　起始页面

如果选中"不再显示"选项，则以后启动 Dreamweaver 时将不再自动显示起始页。

在起始页中选择"新建"栏下的"HTML"选项，进入空白文档的可视化集成网页编辑窗口，如图 3-4 所示。它主要分为文档编辑区域和面板区域，接下来对工作界面进行详细介绍。

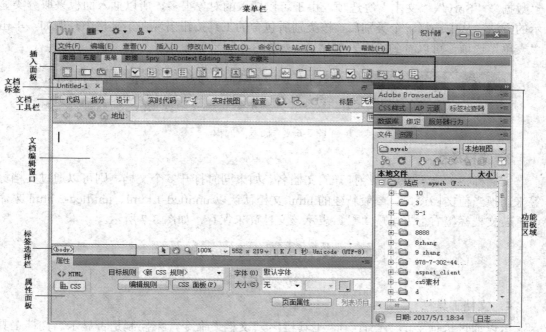

图 3-4　Dreamweaver 可视化集成网页编辑环境

Dreamweaver CS5 的主界面主要由文档标签、菜单栏、文档工具栏、文档窗口、标签选择器、状态栏和各种面板组成，下面分别介绍各部分的使用方法和功能。

1. 菜单栏

Dreamweaver CS5 提供了 10 个菜单项(见图 3-5)，几乎所有的功能均可以通过这些菜单来实现。

图 3-5　菜单栏

- 文件：用于管理文件，包括创建和保存文件、导入与导出、预览等。
- 编辑：用于编辑操作，包括撤销与恢复、复制与粘贴、查找与替换、参数设置与快捷键设置等。
- 查看：用于查看对象，如代码的查看，网格线、面板、工具栏的显示 / 隐藏等。
- 插入：用于插入页面元素，如图像、层、表格、表单、框架、特殊字符等。
- 修改：用于对页面元素的修改，如链接、表格、层位置、时间轴等。
- 格式：用于对文本的操作，如文本格式设置、列表、CSS 样式、段落格式化等。
- 命令：汇集了所有的附加命令项，如录制命令等。
- 站点：用于创建和管理站点。
- 窗口：用于打开/关闭面板和窗口。
- 帮助：包含 Dreamweaver 的联机帮助、技术支持等。

2. "插入"面板

在菜单栏下方，通常会看到"插入"面板，该面板中包含"常用"、"布局"、"表单"、"数据"、"Spry"、"文本"等选项。由于可以插入的对象很多，所以插入面板采取分类显示的方法，从中选择一个类别后，该类别所包含的工具按钮出现在工具栏中。例如，单击"表单"选项，可以看到所有表单元素，如图 3-6 所示。

图 3-6　"插入"面板

3. 文档标签

文档标签：显示用户已经打开的文档名。如果同时打开多个文档，则可以通过文档标签来切换当前文档窗口。一般新建的 html 文档默认以 untitled-1.html、untitled-2.html 来命名。若文档标签右上方出现"*"，表示该文档尚未保存，如图 3-7 所示。

图 3-7　文档标签

4. 文档工具栏

可以通过执行菜单"查看"|"工具栏"|"文档"命令，来控制是否显示。文档工具栏(如图 3-8 所示)中常用工具介绍如下：

图 3-8　文档工具栏

代码：显示代码视图，用户可编辑网页各类代码。

设计：显示页面设计视图，提供可视化的页面设计环境，使编辑的网页基本上与浏览器查看时的内容类似。

拆分：显示代码视图和设计视图，两者同步。

实时代码：将页面的代码和浏览器下展示的真实界面都显示出来，如图 3-9 所示。此状态下，不可编辑网页源代码。

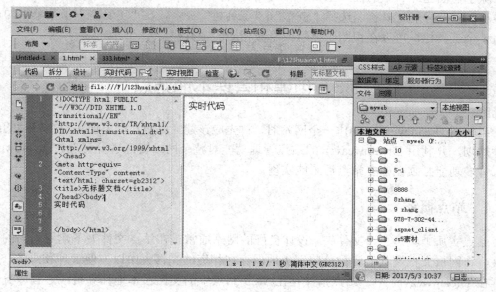

图 3-9　实时代码

预览/调试 ：设计网页时，通过预览/调试按钮，可以选择本地计算机上安装的不同浏览器进行预览网页以便于调试。

在制作网页的过程中，一般应该在"设计"视图中可视化地进行页面的布局设计和页面元素的添加，而在"代码"视图中修改 Web 页文档对应的 HTML 代码，或编写其他脚本代码。

5．文档窗口

文档窗口会显示当前打开或编辑的文档，可以通过选择"文档工具栏"的"代码"、"设计"或"拆分"选项来选择不同的视图。

文档窗口还包括文档工具栏、文档编辑区、状态栏等组成部分，在代码视图中，还会显示编码工具栏。

6．属性面板

属性面板又称属性检查器，一般出现在文档窗口的下方，但也可以放置在其他地方。属性面板用于显示所选中网页元素的属性，用户可以利用它查看和编辑属性值。选择不同的网页元素，属性面板所显示的内容也有所不同。单击属性面板右下角的▲或▼按钮，可以缩小或展开属性面板。

7．面板组

在 Dreamweaver 窗口的右侧是面板组，通常包含"CSS 样式"、"AP 元素"、"标签检查器"、"文件"等面板。在主菜单的"窗口"子菜单中包含了所有的面板名，通过勾选或取消勾选某个面板名，可以显示或移去该面板。单击一个面板的标题，可以展开或折叠该面板。

8．其他工具栏

除了前面已经介绍的插入工具栏和文档工具栏外，Dreamweaver 还提供了样式呈现、标准和浏览器导航工具栏。选择"查看"|"工具栏"命令，在"工具栏"子菜单中勾选或取消某个工具栏，可以在视图中显示或隐藏相应的工具栏。

3.3　创建和管理本地站点

当使用 Dreamweaver 制作一个网站时，首先应该建立站点，以方便对整个网站的结构进行规划，并利用 Dreamweaver 的站点管理功能对整个网站资源进行管理。Dreamweaver 还有许多功能必须在建立站点后才能实现。

3.3.1　站点概述

站点实质上就是一个文件夹。设计良好的网站通常是在站点文件夹下建立不同的子文件夹，将网页文档及其他资源分门别类地保存在相应的文件夹中以方便管理和维护。

在 Dreamweaver 中，站点指保存在 Web 站点中的文档在本地计算机或远程服务器上的存储位置。站点包括远端站点和本地站点两类。建立网站的最终目的是要发布到互联网上，因此需要在 Web 服务器上建立相应的站点，通常将存储在 Web 服务器上的站点称为远端站点。在本地计算机上建立的站点就是本地站点。Dreamweaver CS5 可以对远端站点中的文档进行编辑和管理，但受网络的速度和稳定性等方面的影响，这种方式很不方便。因此，在创建站点时，通常先在本地计算机上创建一个文件夹，然后在 Dreamweaver 中把该文件夹定义为一个站点，在站点内完成网站开发工作，调试成功后，再上传到 Web 服务器上。

注意：为了避免网站上传至服务器后不能识别等问题，站点名及站点内的所有文件、文件夹均使用英文名称，名称中最好不要带空格。

3.3.2　站点的建立和管理

1．创建本地站点

建立本地站点，包括为站点命名、指定站点存储位置(文件夹)、确定是否使用服务器技术和是否使用远程服务器等工作。下面通过一个简单的例子来介绍如何创建一个站点。

【**例 3-1**】　在本地计算机上创建一个站点，该站点中包含 images 文件夹用于存储图像，具体操作步骤如下：

(1) 在"我的电脑"F 盘根目录下创建一个文件夹 website，并在该文件夹中创建一个子文件夹 images。

(2) 启动 Dreamweaver CS5 以后，选择"站点"|"新建站点"命令，弹出"站点设置对象 web"对话框，如图 3-10 所示。该对话框中包括"站点"、"服务器"、"版本控制"和"高级设置"四个类别。"站点"类别指定将在其中存储所有站点文件的本地文件夹，只需要填写站点名称，指定站点文件的保存位置，单击"保存"按钮即可。"服务器"类别允许指定远程服务器和测试服务器。"版本控制"类别可以使用 Subversion 获取和存回文件。"高级设置"类别可以设置"本地信息"、"遮盖"、"设计备注"、"文件视图列"、Spry 等。

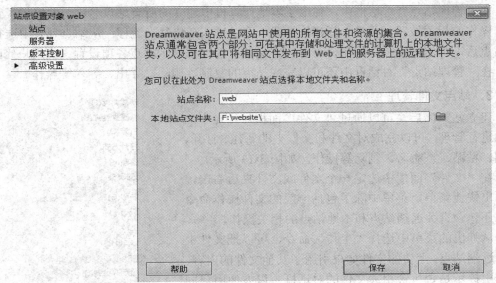

图 3-10　"站点设置对象 web"对话框

下面选择"站点"类别进行操作。

· 站点名称：在该对话框"站点名称"文本框中为站点命名，例如，输入"web"，名称显示在"文件"面板和"管理站点"对话框中，但该名称在浏览器中不显示。

· 本地站点文件夹：在"本地站点文件夹"文本框中输入存放站点的文件夹路径，或者单击 按钮，在弹出的对话框中进行选择。

(3) 单击"保存"按钮，即完成站点的创建。站点创建完毕后，可以看到"文件"面板中出现了新建立的站点，如图 3-11 所示。

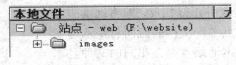

图 3-11　文件面板

2．站点管理

在 Dreamweaver CS5 中创建站点后，在设计过程中就可以对站点进行管理操作。选择

"站点" | "管理站点"命令，会弹出"管理站点"对话框(如图 3-12 所示)。

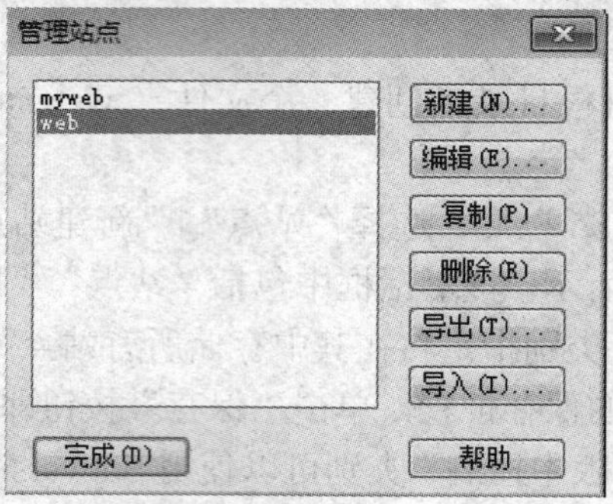

图 3-12   "管理站点"对话框

在"管理站点"对话框中，列出了本地计算机中建立的所有站点名称，并提供了管理站点操作的相关按钮。单击"新建"按钮，可以进入新建站点流程；从站点列表中选择一个站点后，单击"编辑"按钮，可以按定义站点的流程显示站点各项设置，供用户修改。

在"管理站点"对话框中还可以完成站点的复制、删除、导出、导入等操作。

3．站点文件管理

建立站点以后，可以通过"文件"面板对站点中的资源进行管理，可以完成对文件和文件夹的新建、打开、复制、粘贴、重命名、删除等操作，如图 3-13 所示。

在"文件"面板中选定一个文件或文件夹后右击，将弹出快捷菜单，菜单中除了包括一般的文件操作命令外，还包含有关远端站点和本地站点的相关操作。

从弹出的菜单中选择"上传"命令，可以把文件上传到远端站点。上传的文件如果引用了其他文件的内容，会弹出提示是否包含相关文件的对话框，以方便用户同时将相关文件也上传到远端站点。在将文件从本地计算机上传到服务器上时，Dreamweaver 会使远端站点和本地站点保持相同的结构，如果需要的目录在服务器上不存在，Dreamweaver 会自动创建它。"文件"选项卡既可以显示本地站点中的文件，也可以显示远端站点中的文件。在上传文件时，文件的流向总是从本地站点指向远端站点，即使在远端站点中选中文件上传，上传的仍然是本地站点中同名的文件。

"获取"文件与上传文件正好相反，即将远端服务器上的文件下载到本地站点中，文件的流向总是从远端站点指向本地站点。如果本地站点存在相同的文件且本地文件修改日期较新，系统会提示是否用远端站点上较旧的文件覆盖本地站点中较新的文件。上传文件和获取文件也可以用"文件"选项卡上的上传文件按钮和获取

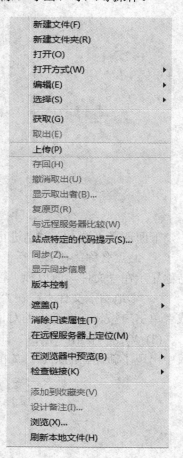

图 3-13   文件管理

文件按钮实现。

思　考　题

1．制作网页前为什么要建立站点？

2．"管理站点"窗口如何打开？通过"管理站点"窗口可以对站点进行哪些管理？

3．如何修改 Dreamweaver 中的工作参数？

4．如何为站点设置远程服务器？

5．在"文件"面板中可以对建好的站点进行哪些操作？

6．"资源"面板中有哪些资源？

第4章　网页的基本元素

网页由文本、图像、超链接等基本元素构成，本章将对这些基本元素进行简单介绍，为后面各章中运用这些元素制作网页奠定基础。

4.1　文　　本

文本是网页中信息的主要载体，如何设计字体、字号，颜色等，直接影响网页文字的呈现效果，在一定程度上能影响浏览者对于网页信息的关注和阅读兴趣。因此对于网页制作人员来说，应掌握网页中文本的制作和编辑方法。

在 Dreamweaver 中编辑文本，就像在 Word 等办公软件中一样方便，除了具有 Word 编辑文字的基本功能外，Dreamweaver 还有处理网页文字的特殊功能。

4.1.1　添加字体

输入文字时，如果用户不满意 Dreamweaver 中显示的字体，可以执行菜单命令"格式"|"字体"|"编辑字体列表"来添加字体，如图 4-1 所示。

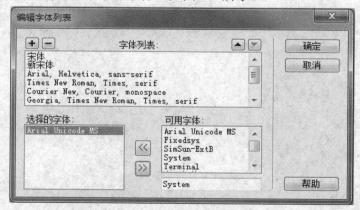

图 4-1　"编辑字体列表"对话框

图 4-1 字体列表文本框中，每一行都有多个字体名称，成为一个字体组。因为用户的计算机系统中可能没有安装所使用的字体，所以 Dreamweaver 准备了一些备用字体。如果用户计算机中找不到所使用的字体，Dreamweaver 会自动用字体组中其他字体替代。

在弹出的编辑字体列表对话框中，先选择字体列表文本框中的"在以下列表中添加字体"行，然后从"可用字体"框中选择某一字体，单击 << 按钮，即将该字体添加到"选择的字体"框中。每个列表行可添加一种或几种字体，建议每组的最后一个字体设为系统默

认安装的字体，如"宋体"、"黑体"等。这样可以保证系统找不到用户使用的字体时，仍能正常显示。编辑完成后，单击"确定"按钮退出。

要添加或删除字体组，可以通过单击对话框上端的 ➕ ➖ 按钮。如果处理中文较多，可单击 ➖ 按钮删除一些不必要的英文字体组。

要移动列表中字体组的上下顺序，可以单击对话框上端的方向箭头按钮 ▲ ▼ 。

4.1.2　设置文本的属性

在 Drearnweaver 中，可以单独设置文本的属性(如字体、字号等)，也可以设置段落属性(如缩进、对齐方式等)，所有这些修改都在文本的"属性"面板中进行，如图 4-2 所示。

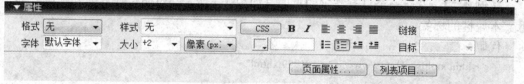

图 4-2　文本的"属性"面板

在"属性"面板中可以设置的文本属性有：字体、大小(字号)、☐(字体颜色)、B(粗体)、I(斜体)等。可以设置的段落属性有格式、居左(Align Left)、居中(对齐 Align Center)、居右(Align Right)、两端对齐(Justify)、☷(项目列表 Unordered List)、☷(编号列表 Ordered List)、☱(文本缩进 Text Indent)、☲(文本凸出 Text Outdent)等。设置方法与普通文字编辑软件相似。

其中，☐ 可以用来设置字体的颜色(如图 4-3 所示)，在 Dreamweaver 中有很多对话框和属性面板都有可供打开的调色板，为网络元素设置颜色，用法是一样的。

Dreamweaver 中的颜色用 6 位十六进制数表示，例如黑色为 #000000，红色为#FF0000，也可以在代码中直接输入颜色的英文单词，如 red、black 等，用法例如：<font color = "red">第一个网页<font>。

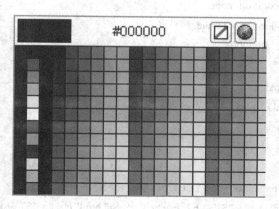

图 4-3　调色板

关于颜色的操作是选中对象，用吸管从调色板吸取颜色样品或从其他地方吸取任何颜色，如果要删除颜色，可用图 4-3 中的"删除颜色"按钮 ☑ 清除当前色。

XHTM 中与文本有关的主要标记有：

(1) 标题文字：<hn 属性名 = 属性值>标题文字</hn>，n(1～6)指定标题文字的大小。

(2) 注释标记：<!--注释内容-->，注释不限于一行，长度不受限制。

(3) 强制换行：
，也称为"软回车"，行间距小。

(4) 强制换段：<p 属性名 = 属性值>文字</p>，也称为"硬回车"，行间距大。

(5) 预排格式：<pre>预先排好的格式</pre>，保留预先在编辑工具中排好的格式。

(6) 级联显示：<span 属性名 = 属性值>文本或图像</span>，设置具有相同属性的级联文本。

(7) 水平线：<hr 属性名 = 属性值/>，可以设置水平线的对齐方式、粗细、宽度、颜色。

(8) 文字标记：<font 属性名 = 属性值>文字</font>，设置文字的大小、字体、颜色、字形等属性。

【例 4-1】 设计一个只有文字的页面，如图 4-4 所示。对照设计界面和代码界面，熟悉文本属性的标签。

代码：

```
<html xmlns = "http://www.w3.org/1999/xhtml">
<head>
<meta http-equiv = "Content-Type" content = "text/html; charset = gb2312" />
<title>文本编辑</title>
<style type = "text/css">
<!--
.STYLE1 {
    font-size: 24px;
    font-family: "华文仿宋";}
.STYLE2 {font-size: 20px; font-family: "华文仿宋"; }
a:link {     text-decoration: none; }
a:visited {   text-decoration: none; }
a:hover { text-decoration: none;       }
a:active {    text-decoration: none; }
.STYLE3 {color: #000000}
.STYLE4 {
    font-size: 18px;
    font-style: italic; }-->
</style>
</head>
<body>
<h1 align = "center" class = "STYLE1">咏柳</h1>
<p align = "center" class = "STYLE2"><a href = "test2.html" class = "STYLE3">贺知章</a>
<hr width = "240" size = "3"    color = "#000000"/></p>
<p align = "center" class = "STYLE1">碧玉妆成一树高，</p>
<p align = "center" class = "STYLE1">万条垂下绿丝绦。</p>
<p align = "center" class = "STYLE1">不知细叶谁裁出？</p>
```

咏柳

贺知章

碧玉妆成一树高，

万条垂下绿丝绦。

不知细叶谁裁出？

二月春风似剪刀。

---摘自《唐诗宋词三百首》

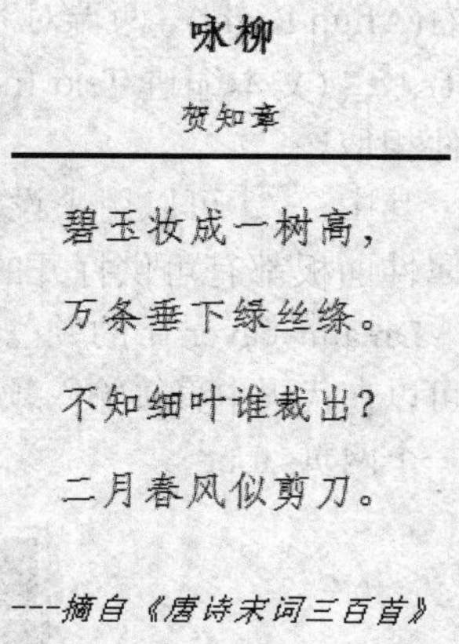

图 4-4　文本编辑

<p align = "center" class = "STYLE1">二月春风似剪刀。　</p>

<pre class = "STYLE4">

　　　　　　　　　　　　　　　　　——摘自《唐诗宋词三百首》

</pre>

</body>

</html>

　　本例列举了双标签 <hl></hl>、<p></p>、<pre></pre> 及单标签 <hr/> 的使用，文本的字体、字号、风格等属性以 CSS 样式写在 <head></head> 中，自定义的 CSS 样式名前有一个西文黑点以区别系统的样式名。

　　写好的网页如果在 IE 浏览器中的效果不满意，可以直接在 DW 中修改源代码，也可以执行 IE 的"查看"|"源文件"命令，则本网页的代码在记事本中打开，修改代码后执行记事本的"文件"|"保存"命令，再单击 IE 的"刷新"按钮，即可显示修改后的网页。

4.1.3　换行和首行缩进

1．设置换行

　　如果需要换行，可以按"enter"键强制换行，但是换行后上下两段之间有一个空行，间距比较大。有时如果必须换行，又不希望上下两部分之间有空行，可以按"shift+enter"组合键来进行换行，此时产生的上下两行之间没有空行，距离紧凑合适。

2．设置首行缩进

　　每段文字起始位置，需要空出两个字符，通常称为首行缩进，可以通过插入几个空格来实现，但是在 Dreamweaver 中，直接输入空格键无法实现首行缩进。要在网页中插入空格，可以通过以下方法来实现：

　　(1) 在中文输入法下，切换到全角模式，按一下空格键可键入一个全角空格(一个汉字大小)。

　　(2) 通过组合键 Ctrl + Shift + 空格键一次输入一个空格(半角英文字符的大小)。在输入过程中会出现信息提示，如图 4-5 所示，可勾选"以后不再提示"，再次输入空格时将不再提示。

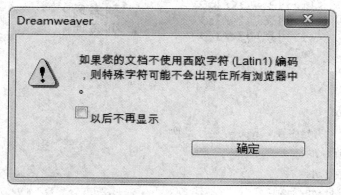

图 4-5　信息提示

4.1.4　插入符号

在 Dreamweaver 中插入文本和在其他字处理程序中插入文本基本一样,可以直接输入,也可以使用复制、粘贴的方法。

除了普通文本外,有时候还需要插入一些特殊字符,例如版权符号、产品的注册符号等。插入特殊字符的具体步骤是:把光标定位到要插入特殊字符的位置,在"常用"面板中打开"文本"选项卡,选择要输入的字符(如图 4-6 所示)。

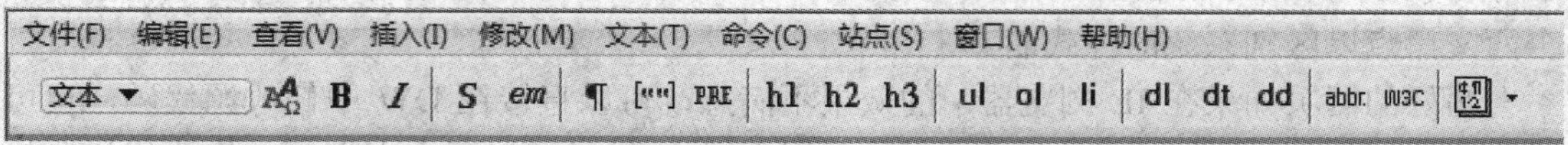

图 4-6　"文本"选项卡

4.1.5　文字列表

列表分为无序列表和有序列表,带序号标志(如数字、字母等)的列表称为有序列表,否则是无序列表。各种列表可以自身嵌套或互相嵌套使用,例如书的目录或文章的各级标题,给读者很强的层次感。与列表有关的标签为<ul>、<ol>、<li>、<menu>、<lh>、<dl>、<dt>、<dd>等,它们的格式、功能详解如下。

1. 无序列表

<ul　type ="符号类型">
<li>列表项 1</li>
<li>列表项 2</li>
<li>列表项 3</li>
</ul>

其中符号类型为:"disc"(实心 ●)、"circle"(空心○)、"square"(方块 ■),图标文件名等。

【例 4-2】 无序列表,代码和效果如图 4-7 所示。

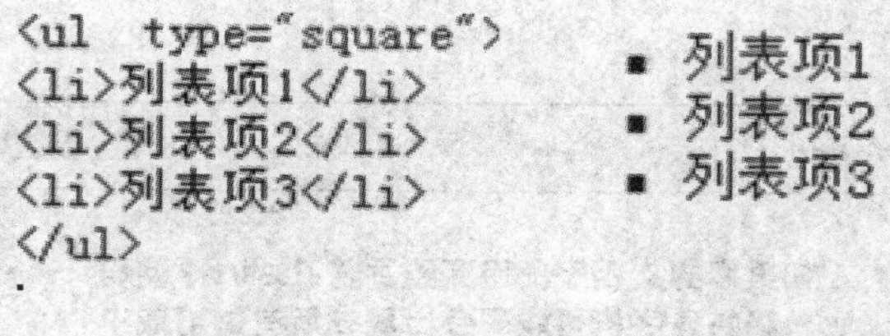

图 4-7　无序列表

2. 有序列表

<ol　start = "开始序号"　type = "序号类型">
<li>列表项 1</li>
<li>列表项 2</li>
<li>列表项 3</li>
</ol>

　　序号类型为"1"代表数字,"A"代表大写英文,"a"代表小写英文,"I"代表罗马数字等。

【例 4-3】　有序列表,代码和效果如图 4-8 所示。

```
<ol  start="1" type="A">         A. 列表项1
<li>列表项1</li>                   B. 列表项2
<li>列表项2</li>                   C. 列表项3
<li>列表项3</li>
</ol>
```

图 4-8　有序列表

3．菜单列表

菜单列表效果如图 4-9 所示。

```
<menu>
<lh>菜单标题 1</lh>
<li>列表项 1-1</li>
<li>列表项 1-2</li>
<lh>菜单标题 2</lh>
<li>列表项 2-1</li>
<li>列表项 2-2</li>
</menu>
```

菜单标题1
- 列表项1-1
- 列表项1-2

菜单标题2
- 列表项2-1
- 列表项2-2

图 4-9　菜单列表

4．缩进列表

```
<dl>
<dt>标题 1</dt>
<dd>内容 1-1</dd>
<dd>内容 1-2</dd>
<dt>标题 2</dt>
<dd>内容 2-1</dd>
<dd>内容 2-2</dd>
</dl>
```

【例 4-4】　缩进列表,代码和效果如图 4-10 所示。

```
<dl>                              第一章  网页设计基础
<dt>第一章  网页设计基础</dt>            1.1  网络基础
<dd>1.1 网络基础</dd>                  1.2  HTML语言
<dd>1.2 HTML语言</dd>              第二章  DReamweaver基础
<dt>第二章  DReamweaver基础</dt>        2.1  编译环境
<dd>2.1 编译环境</dd>                  2.2  参数设置
<dd>2.2 参数设置</dd>
</dl>
```

图 4-10　缩进列表

也可以使用 Dreamweaver 建立列表,选中要建立列表的文字,单击"属性"面板的"无序列表"按钮或"有序列表"按钮，则其下的列表项目按钮即被激活。单击按钮，弹出"列表属性"窗口，如图 4-11 所示，在其内选择所需属性即可。

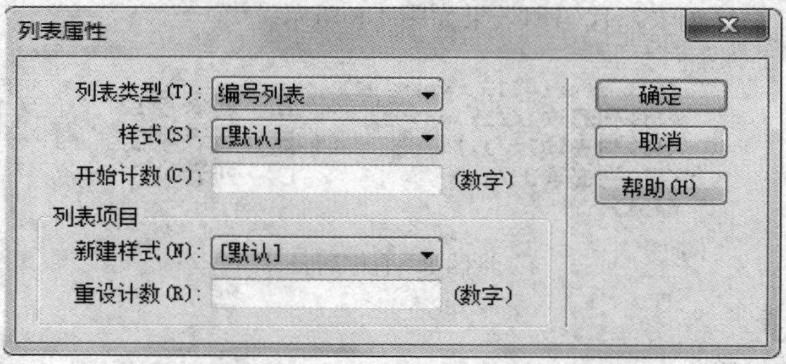

图 4-11　"列表属性"窗口

【例 4-5】　混合列表示例。网页中的效果如图 4-12 所示。

代码：

```
<menu>
<lh>超链接</lh>
<ol type = "1">
<li>外部文档链接</li>
    <ul type = "disc">
    <li>知识点 1</li>
    <li>知识点 2</li>
</ul>
<li>书签链接</li>
<li>无址链接</li>
<li>E-mail 链接</li>
<li>脚本链接</li>
<li>指向下载文件的链接</li>
</ol>
</menu>
```

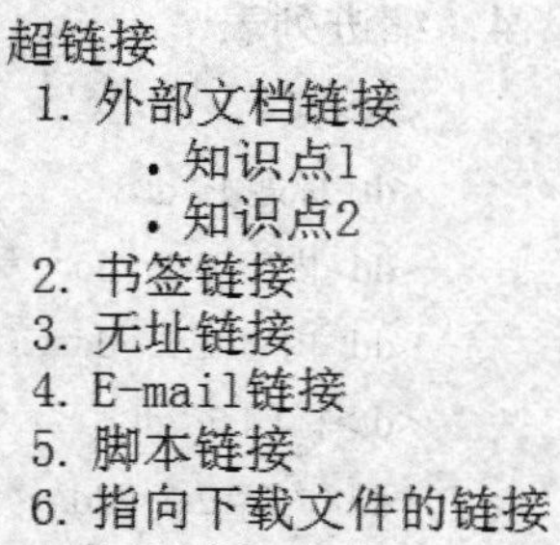

超链接
　1. 外部文档链接
　　　• 知识点1
　　　• 知识点2
　2. 书签链接
　3. 无址链接
　4. E-mail链接
　5. 脚本链接
　6. 指向下载文件的链接

图 4-12　演示结果

4.2　图　　像

网页中的图像是使用最多的表现方式之一，图像除了在网页中具有传达信息的作用，还可以起到烘托主题的作用。

为了在网页中显示图片，必须先准备好图片素材。在网站的具体制作过程中，首页或每个栏目通常会设置一个"images"文件夹，将准备好的图片素材存放在文件夹中，供编辑网页时使用。

由于图像的格式不同、大小不等，在制作网页时，要从网站的整体考虑，做到既满足页面主题和效果的需求，又可加快网页的打开和下载速度。Dreamweaver 支持的图片格式主要有三种：GIF 格式、JPG 格式、PNG 格式，其他图像格式能够插入但往往不能正常显示。作为网页编辑，要了解这三种格式的特点和局限性，以便于更好地呈现图像效果。

(1) GIF 格式。GIF 可译为"图像交换格式"，是一种无损压缩格式的图像，它支持图像文件的最小化，支持动画模式，能在一个图像文件中包含多帧图像，在浏览器中可看到动态的图像效果。

(2) JPEG 格式。JPG/JPEG(Joint photographic Experts Group)可译为"联合图像专家组"，是一种压缩格式的图像，这种压缩方式最大的特点是通过压缩可使其在图像品质和文件大小两者之间达到较好的平衡，在压缩中损失掉的是图像中不易被人察觉的内容。由于 JPEG 获得较小的文件尺寸，使得图像在浏览和下载时的速度加快。

(3) PNG 格式。PNG(Portable Network Graphic)可译为"便携网络图像"，是一种格式极为灵活的图像，由于网页上无损压缩和显示图像，这种格式比较小，所以现在网页上使用非常普遍。

在网页中插入图像后，可以对图像进行设置，达到与网页内容、风格统一的效果。对网页中图像的设置，可以通过网页窗口下方的"属性"面板来实现，如图 4-13 所示。

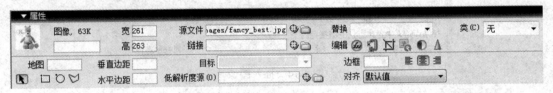

图 4-13　图像属性面板

- "图像，63K"：63K 为图像文件的大小，由软件自动测试获得。
- "宽"和"高"：图像在网页中所占的位置大小，单位为像素。
- "源文件"：当前图像的地址，采用的是相对路径。
- "替换"：图像的注释。浏览时若图像文件不存在，在图像位置可以显示此注释。如果将鼠标移到图像上，也可显示此注释。
- "边框"：可设置图像有无框线及框线的宽度。
- "链接"：将图像作为链接对象，可以在此设置链接目标页面。
- "地图"：可以在图像上设置热点链接。
- "目标"：图像链接页面打开的目标窗口，可以设置的方式有：

_blank：在新的浏览器窗口中打开多个链接；

_parant：将链接的文件载入含有该链接框架的父框架集或父窗口中打开；

_self：在当前窗口中打开链接对象；

_top：在整个浏览器窗口中载入所链接的文件；

4.2.1　插入图片

插入图片，首先要将图片放入网页所在的文件，所有的图片文件最好单独存放于一个文件夹中，一般命名为 images。其方法为：在需要插入图片的地方单击，确定图片的

插入点，再选择"插入"|"图片"，按照图 4-14 所示的操作，选择合适的图片，单击"确定"按钮，会弹出如图 4-15 所示界面，其中"替换文本"处为图像的注释，可选择性填写。

图 4-14　插入图像

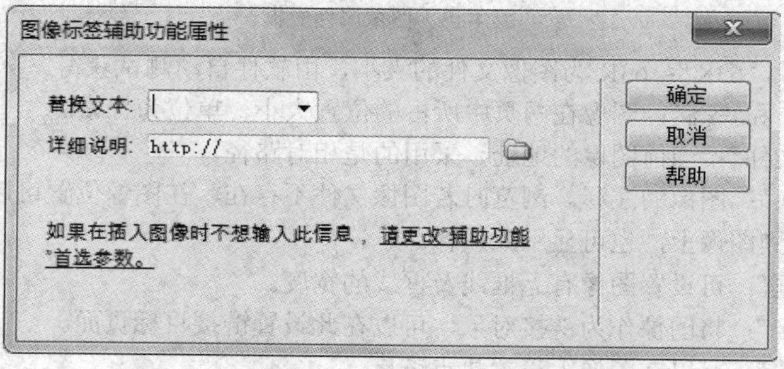

图 4-15　插入图像的辅助功能属性

最后通过图像的属性面板，实现对页面中图像的设置。

4.2.2　插入"鼠标经过图像"

在网页中浏览图像时，当鼠标经过该图像时，图像就变成了另外一幅图像，表现为类似于 Flash 动画的效果，借动感增加网页的吸引力，这种特效叫做"鼠标经过图像"(Rollover Image)。创建"鼠标经过图像"，尽量用两张大小相同的图片，效果更佳。

【例 4-6】　在宣传地震知识的网页中，插入一个"鼠标经过图像"，并为其建立超链接。本例的操作如下：

(1) 将光标定位到要插入"鼠标经过图像"的位置，执行"插入"|"图像"|"鼠标经过图像"命令，在弹出的窗口中设置参数如图 4-16 所示。选中"预载鼠标经过图像"，在 <body>标签中写入 onload = "MM_preloadImages('dzq.gif')"，即网页加载时同时加载"鼠标经过图像 dzq.gif"到内存，这样当鼠标经过图像时会立即显示另一幅图片。

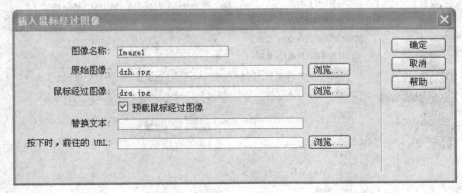

图 4-16 "鼠标经过图像"参数设置

(2) 单击"确定"按钮确认退出。按 F12 在浏览器中预览网页效果，如图 4-17、图 4-18 所示。

图 4-17 鼠标经过前

图 4-18 鼠标经过后

4.2.3 Dreamweaver 与 Fireworks

Dreamweaver 和 Fireworks 都是由同一家公司开发的，所以它们结合得十分完美。它们独特的结合特性使得共同应用 Dreamweaver 和 Fireworks 处理网页图像得心应手。Dreamweaver 和 Firework 能够共享和管理网页文件中的许多内容，例如链接、图像映射、切片、网页特效等。同时应用 Dreamweaver 和 Fireworks 将大大提高网页设计和编辑的效率。

1. 在 Dreamweaver 中编辑图像

在 Dreamweaver 中可以直接调用 Fireworks，对 Fireworks 生成的图像、切片、表格进行编辑和处理，调用 Fireworks 前需要在 Dreamweaver 中将 Fireworks 设为主图像编辑器。在 Dreamweaver 中将 Fireworks 设置为主图像编辑器的方法是执行"编辑"|"首选参数"

命令，在弹出的窗口中选择分类为"文件类型/编辑器"，如图 4-19 所示。

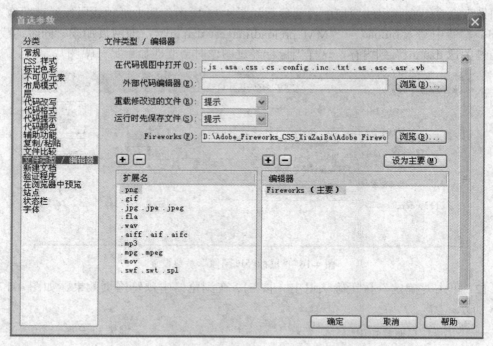

图 4-19　设置主图像编辑器

图 4-19 窗口左边是文件扩展名(Extensions)列表，右边是编辑器(Editors)列表。选中左边的一个文件类型，单击右边编辑器列表上方的"+"和"−"按钮，选择该文件类型的编辑器，再单击"设为主要"按钮，使其成为主编辑器，并将 PNG、GIF 及 JPG 格式文件的主编辑器设为 Fireworks。设置成功后，就可以在 Dreamweaver 中单击图像"属性"面板中"编辑"选项，然后可看到 Fireworks 图标，如图 4-20 所示，单击该图标即可调用 Fireworks编辑图像。

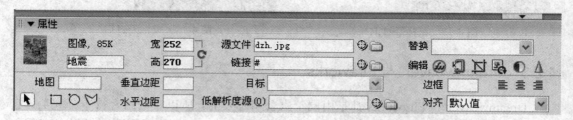

图 4-20　图像属性面板

2. 插入 Fireworks 图形或代码

可以使用多种不同的方法将 Fireworks 图像插入 Dreamweaver 中，以下根据用户所在位置，介绍具体的操作方法。

(1) 如果用户当前所操作的软件是 Fireworks，有以下两种方法向 Dreamweaver 插入图像。

在 Fireworks 中新建或编辑所需图像，然后执行"文件"|"导出"命令。在弹出的对

话框中，将保存位置选择为 Dreamweaver 站点的图像文件夹。

Fireworks 系统能自动生成 HTML 代码，如果用户熟悉 HTML 代码，可以直接将 Fireworks 的代码复制到 Dreamweaver 文档中。

(2) 如果用户当前所操作的软件是 Dreamweaver，也有两种方法向 Dreamweaver 插入图像。

和插入其他非 Fireworks 图像一样，单击"插入"面板"常用"选项卡的"图像"命令，直接插入 Fireworks 生成的 GIF 或 JPG 图像。

单击"插入"面板"常用"选项卡的"Fireworks HTML"按钮，在弹出的"插入 Fireworks HTML"对话框中，只需填入欲插入的 HTML 文件名，则 HTML 源文件及关联的图像、切片和 JavaScript 脚本语言全部被插入。

4.3　超　链　接

超链接是网页的灵魂，它控制着页面内容的变换。通过超链接可以将因特网上的各种相关信息有机地联系起来，很方便地从一个网页跳转到另一个网页，从而方便查询到相关的资源。

4.3.1　超链接的路径

单击具有超链接的文字，就可以链接到世界各地的网页，或者下载文件，或者发 E-mail。超链接无论做哪一件事，都需要有一个目标地址，也称为路径。Dreamweaver 识别三种类型路径：绝对路径、根目录相对路径和文档目录相对路径。

1. 绝对路径

绝对路径是指包括服务器规范在内的完整地址，包括三部分：协议种类、放有所需文件的计算机地址(计算机域名)、具体文件的路径及文件名。其格式为：

协议//计算机域名/文件路径及文件名

例如 http://www.Macromedia.com/support/dreamweaver/contents.html 是一个绝对路径。有时"文件路径及文件名"被省略，因为服务器经常使用默认的主页名，省略"文件路径及文件名"后，仍然能够完全定位资源的位置。例如 http://www.macromedia.com，虽然没有文件名，但仍能定位 macromedia 公司的主页。

使用绝对路径的缺点是不利于测试和站点的移植。当站点文件夹移动到服务器上时，容易造成链接失效，因此通常只用于链接到其他站点上的文件。

2. 根目录相对路径

根目录相对路径是指从站点根目录到被链接文档经过的路径，它用斜杠(/)告诉服务器从当前站点的根目录开始的，如/test/t1.htm 是文件 t1.htm 的站点根目录相对路径，该文件位于站点根目录下的 test 文件夹中。

如果工作于一个使用数台服务器的大型网站或者一台同时作为多个不同站点主机的服务器，那么使用根目录相对路径是最佳的方法。

3．文档相对路径

文档相对路径是指以当前文档所在位置为起点到被链接文档经过的路径。如果要链接的文件与当前文档处在同一个文件夹中，只需输入文件名；如果要链接的文件位于当前文档所在文件夹的子文件夹中，格式为：文件夹名/文件名；如果要链接的文件位于当前文档所在文件夹的父文件夹中，路径前加 ../(其中 ".." 表示 "文件夹分层结构中的上一级文件夹")。例如 *.htm 指的是当前文件夹内的文档，../*.htm 指的是当前文件夹上级目录中的文档，music/*. htm 指的是当前文件夹下 music 文件夹中的文档。

相对地址本身并不能唯一地定位资源，但浏览器会根据当前网页的位置正确地理解相对地址。使用相对地址的好处是当将站点上传到服务器时，只要保持站点内各个资源的相对位置不变，就可以确保上传后各网页之间的超链接正常工作。所以，在编写网页时，应该使用文档相对路径。

例如，当向网页中插入图像时，会弹出选择图像窗口，窗口中 "相对于：" 下拉菜单中应确认是 "文档" 选项被选中，如图 4-21 所示。

图 4-21　文档相对路径

4.3.2　建立超链接

超链接是由锚点(anchor)标签<a></a>定义，其格式为：

　　　<a href = "地址"　target = "打开窗口方式">热点</a>

属性 href 指定超链接的目标网页地址，包括网页的路径和文件名，属性 target 指定超链接文件被打开的目标窗口，有如下 4 个选项：

_blank：将链接的文件载入到新的无标题浏览器窗口中。

_Parent：将链接的文件载入到父框架，若该框架非嵌入式框架，则链接到整个浏览器窗口。

_self：将链接的文件载入到自身框架或自身窗口中，该选项是默认值。

_top：将链接的文件载入到整个浏览器窗口中，并删除所有框架。

在 Dreamweaver 中提供了 6 种常用的链接：外部文档链接、书签链接、E-mail 链接、无址链接、脚本链接和指向下载文件的链接。

1．外部文档链接

外部文档链接是指链接到本文档之外的文档，包括站内和站外的网页，这是最常用也是最简单的一种链接。选中欲建立超链接的文字，在"属性"面板的"链接"文本框中填写超链接的外部文档地址，即设置属性 href 的值；在"目标"下拉列表框中设置超链接的目标窗口，即属性 target 的值。可以通过以下两种操作之一填入外部文档地址。

(1) 选中欲建立超链接的文字，单击"链接"文本框右边的文件夹图标，在弹出的选择文件窗口中选择一个文件，该文件的相对路径及文件名就会自动出现在"链接"文本框中。

(2) 选中欲建立超链接的文字，拖动"指向文件"(Point to File)图标，使拉出的箭头指向站点"文件"面板中的目标文件，该文件的相对路径及文件名就会自动出现在"链接"文本框中。

2．书签链接

当网页内容较多时，通常在页面开始处列出大纲标题，在下面书写具体内容。当用户单击上端内容列表中感兴趣的某一标题项时，网页会自动跳转到该标题项的具体内容位置。为什么能跳转到特定位置呢？因为网页设计者在这里作了一个标记，即书签。有时链接到外部文档，但不链接到它的首行，而需要链接到离首行较远的特定位置，那么也需要在那里建立一个书签。书签链接地址的书写是书签名前加西文 # 号，格式为

　　　　<a href = "#书签名"　target = "打开窗口方式">热点</a>

创建书签链接步骤如下：

(1) 在文档窗口中，将光标定位在要插入书签的位置上。

(2) 单击"插入"面板的"命名锚记"(Named Anchor)按钮。

(3) 在弹出的"命名锚记"对话框中输入书签名，如图 4-22 所示，单击"确定"按钮，在光标定位处会出现书签图标　。

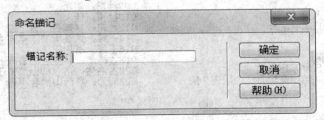

图 4-22　输入书签名

【例 4-7】　给"唐诗三百首—五言古诗"页面设置锚记链接，以便于查看每首古诗。

(1) 打开文件面板，双击打开文件 example4-7.html。

(2) 在"设计"视图中，将光标定位于网页顶部"唐诗三百首—五言古诗"的"唐"字之前。

(3) 执行菜单"插入"|"命名锚记"命令，弹出对话框如图 4-22 所示，在"锚记名称"后的文本框中输入"top"，单击"确定"按钮，然后，在光标的位置出现了一个锚记，如

图 4-23 所示。

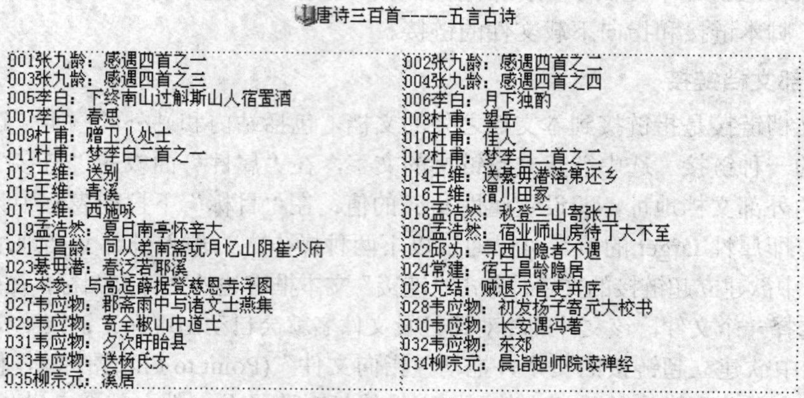

唐诗三百首------五言古诗
001张九龄：感遇四首之一
002张九龄：感遇四首之二
003张九龄：感遇四首之三
004张九龄：感遇四首之四
005李白：下终南山过斛斯山人宿置酒
006李白：月下独酌
007李白：春思
008杜甫：望岳
009杜甫：赠卫八处士
010杜甫：佳人
011杜甫：梦李白二首之一
012杜甫：梦李白二首之二
013王维：送别
014王维：送綦毋潜落第还乡
015王维：青溪
016王维：渭川田家
017王维：西施咏
018孟浩然：秋登兰山寄张五
019孟浩然：夏日南亭怀辛大
020孟浩然：宿业师山房待丁大不至
021王昌龄：同从弟南斋玩月忆山阴崔少府
022邱为：寻西山隐者不遇
023綦毋潜：春泛若耶溪
024常建：宿王昌龄隐居
025岑参：与高适薛据登慈恩寺浮图
026元结：贼退示官吏并序
027韦应物：郡斋雨中与诸文士燕集
028韦应物：初发扬子寄元大校书
029韦应物：寄全椒山中道士
030韦应物：长安遇冯著
031韦应物：夕次盱眙县
032韦应物：东郊
033韦应物：送杨氏女
034柳宗元：晨诣超师院读禅经
035柳宗元：溪居

图 4-23　创建锚记 1

(4) 利用相同的方法，在第 001 首唐诗处创建一个锚记，命名为“ts001”，如图 4-24 所示。

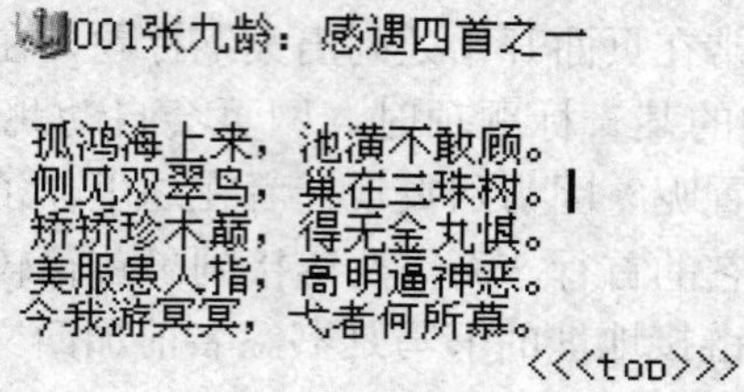

001张九龄：感遇四首之一
孤鸿海上来，池潢不敢顾。
侧见双翠鸟，巢在三珠树。
矫矫珍木巅，得无金丸惧。
美服患人指，高明逼神恶。
今我游冥冥，弋者何所慕。
<<<top>>>

图 4-24　创建锚记 2

(5) 在图 4-25 中，选择目录中的文本“001 张九龄：感遇四首之一”，在下方的“属性”面板的“链接”文本框中输入符号“#ts001”，如图 4-26 所示。

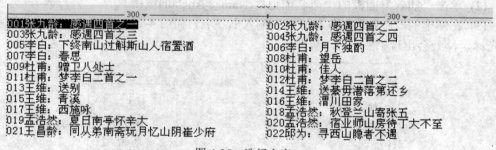

300
300
001张九龄：感遇四首之一
002张九龄：感遇四首之二
003张九龄：感遇四首之三
004张九龄：感遇四首之四
005李白：下终南山过斛斯山人宿置酒
006李白：月下独酌
007李白：春思
008杜甫：望岳
009杜甫：赠卫八处士
010杜甫：佳人
011杜甫：梦李白二首之一
012杜甫：梦李白二首之二
013王维：送别
014王维：送綦毋潜落第还乡
015王维：青溪
016王维：渭川田家
017王维：西施咏
018孟浩然：秋登兰山寄张五
019孟浩然：夏日南亭怀辛大
020孟浩然：宿业师山房待丁大不至
021王昌龄：同从弟南斋玩月忆山阴崔少府
022邱为：寻西山隐者不遇

图 4-25　选择文字

属性
格式 段落
样式 无
CSS
链接 #ts001
字体 默认字体
大小 无
目标
单元格
水平 默认
宽 300
不换行
背景
页面属性...
垂直 顶端
高
标题
背景颜色
边框

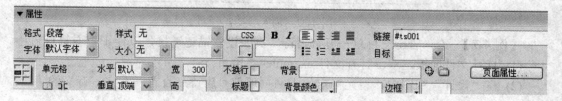

图 4-26　设置超链接

(6) 选择第 001 首诗右下方的“<<<top>>>”字符(如图 4-24)，在下方的“属性”面板的“链接”文本框中输入符号“#top”。

（7）保存网页，按 F12 预览，检查链接是否正确，是否能从目录"001 张九龄：感遇四首之一"跳转到下面的古诗中，单击古诗右下方的"<<<top>>>"又跳转回网页头部。

（8）按照该思路，给每首诗都创建一个锚点，并做好相应的链接。

3．无址链接

无址链接是一个未指定链接目标的链接，虽然无址链接不能实现页面之间的跳转，但它能使光标变成手形。它能实现返回页面顶端或者提示用户单击这里会有某些效果，例如图形放大、提示信息等。这些效果通常由 JavaScript 实现，所以无址链接常常用于读取 JavaScript。

返回页面顶端的无址链接语句为

　　　　<a href = "#">热点</a>

若既要鼠标指向时变成手形光标，又不希望单击后跳转到页面顶端，可以将语句修改为

　　　　<a href = "javascript:; ">热点</a>

在 Dreamweaver 中，选中要建立无址链接的文本或图像，在"属性"面板的"链接"框中输入西文 # 或 "javascript："即设置了无址链接。

注意：必须在西文状态下输入 #，有些输入法(如紫光拼音法输入)的 # 不能被系统识别。

4．E-mail 链接(电子邮件链接)

电子邮件正日益成为人们的重要沟通手段，因此，在网页中设置 E-mail 链接已经变得非常普通。创建电子邮件链接的语句为：

　　　　<a href = "mailto:邮件地址">热点</a>

选择要创建电子邮件的链接文本或图片，按以下任意一种方法进行设置。

方法一：单击"插入"|"电子邮件链接"按钮，弹出如图 4-27 的窗口，在 E-mail 后面的文本框中输入正确的电子邮箱。

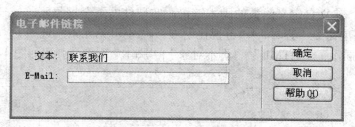

图 4-27　电子邮件链接

方法二：在"属性"面板的"链接"文本框内输入信息的格式为：mailto:电子邮箱，例如：mailto:hhstu@163.com，如图 4-28 所示。

图 4-28　属性面板

建立这样的 E-mail 链接后，系统自动启动 Outlook 电子邮件工具，所以客户端的计算机必须安装有 Outlook 并且 Outlook 是默认收发电子邮件工具，否则此链接不能使用，

Foxmail、Hotmail 等邮件工具不能设为默认收发电子邮件工具。

5．脚本链接

脚本链接可执行 JavaScript 代码或调用 JavaScript 函数，用于在不离开当前网页的情况下执行其他任务处理，还可以在浏览者单击特定项时，执行计算、表单验证和其他处理任务。

同前面几种链接一样，创建脚本链接也要先选中欲建立链接的文本或图像，在"属性"面板"链接"框中输入"JavaScript："后跟一段 JavaScript 代码或者函数调用。

例如，要建立链接的热字是"删除"两个字，选中这两个字，在"链接"框中输入 JavaScript：alert（"确定删除吗？"），运行后弹出信息框，如图 4-29 所示。

其中，alert()是 JavaScript 语言中的函数，功能是弹出信息框。所以，在浏览器中单击超链接热字"删除"后，弹出信息框，其内的信息是"确定删除吗？"这就是不离开当前网页，但执行了弹出信息框的任务处理。

图 4-29　确认删除信息框

【例 4-8】 在页面中输入文本"关闭窗口并离开"，并设置脚本链接。

(1) 选中文本，在"属性"面板中的"链接"框中输入"JavaScript:window.close()"。

(2) 保存并预览，单击设置链接的文本，将弹出信息框如图 4-30 所示，单击"是"按钮，即可关闭窗口。

图 4-30　信息框

【例 4-9】 建立自定义函数的脚本链接，实现使网页全屏显示。

(1) 确认菜单命令"查看"|"可视化助理"|"不可见元素"选中。

(2) 执行"插入"|"HTML"|"脚本对象"|"脚本"命令，弹出如图 4-31 所示的窗口。

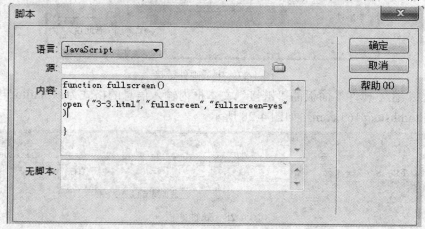

图 4-31　"脚本"窗口

(3) 在"语言"下拉列表中选择不同版本的 JavaScript 或 VBScript；在"源"文本框中

可以导入一个脚本文件；在"内容"文本框中写入自定义函数，本例写入：

```
Function fullscreen()
{
    open("3-3.htm", "fullscreen", "fullscreen = yes")
}
```

(4) 单击"确定"按钮退出。

(5) 在文档窗口输入超链接热字"全屏显示"并选中，在"链接"框中写入调用函数语句 javascript：fullscreen()。

6．下载文件超链接

网站中经常提供一些下载文件的链接，单击这些链接，就可以直接下载文件，这些超链接指向的不是网页，而是其他文件，例如 rar、mp3 或者是 exe 文件。

语句格式为

```
<a href = "路径及文件名">热点</a>
```

【例 4-10】 制作一个如图 4-32 所示简单的电影下载的页面。

1	玩具总动员	下载	播放
2	泰山归来	下载	播放
3	海洋奇缘	下载	播放
4	鲁滨逊漂流记	下载	播放

图 4-32　电影下载页面

操作步骤如下：

(1) 打开一个空白文件，利用表格设计页面。

(2) 单击电影《鲁滨逊漂流记》后的"下载"两个字，在属性面板中，单击"链接"文本框后的文件夹按钮，选择对应的电影，如图 4-33 所示。

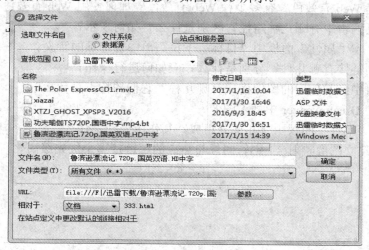

图 4-33　选择电影文件

(3) "属性"中超链接设置后的面板如图 4-34 所示。

图 4-34　设置后的属性面板

(4) 保存并预览。单击"下载",弹出对话框如图 4-35 所示。

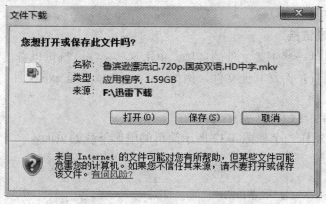

图 4-35　"文件下载"对话框

思 考 题

1. 在 Dreamweaver 中,如何插入文本、符号、日期?
2. 如何向网页中添加新字体?
3. 在"属性"面板中可以设置文本哪些属性?这些属性在 HTML 语言中对应的标签是什么?
4. 什么是 Web 有效色?有多少种 Web 有效色?如何使用 Web 有效色?
5. 在网页编辑中有哪几种路径?区别是什么?如何表示?
6. 简述文本"属性"面板中"目标"下拉菜单中各选项的意义。
7. 常用的链接有哪几种?分别是什么?应如何进行操作?
8. 在网页中经常使用的图像格式有哪几种?它们的特点是什么?
9. 如何在 Dreamweaver 中插入图像?
10. 图像"属性"面板由哪几部分组成?其作用分别是什么?
11. 如何建立图像映射(热点)?图像与热点的超链接哪个优先级高?

第 5 章 模 板 与 库

要创建具有统一结构和风格的网站，可以用模板来实现，而且模板的使用还可以提高网站维护和更新的效率。当需要更改网站的整体外观时，只需要将对应的模板文件进行修改，保存后即可实现对整个网站的更新。所以，使用 Dreamweaver 提供的模板与库功能，可以极大地简化操作。如图 5-1 和图 5-2 所示的网页，就适合应用模板来制作。

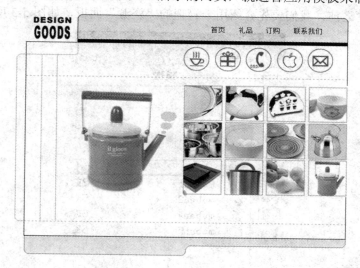

图 5-1 网页 index.html

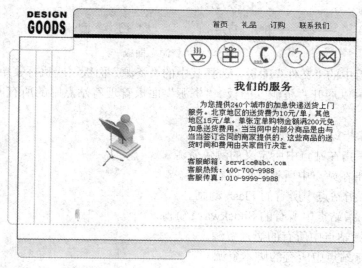

图 5-2 网页 order.html

5.1　模　　板

　　模板是个扩展名为.dwt 的特殊网页。Dreamweaver 提供网页编辑环境和模板编辑环境。在编辑模板的环境中，所有操作与编辑普通网页一样，只是要将模板划分为"可编辑区"和"不可编辑区"。在普通网页编辑环境中使用模板时，只能编辑"可编辑区"，在模板编辑环境中修改的"不可编辑区"可以自动更新使用该模板的所有网页，这样，便于维护规模较大的网站。

　　应该强调的是，在 Dreamweaver 中要应用"模板和库"制作网页，首先应将网站作为Dreamweaver 管理的一个站点，这样，就可以由 Dreamweaver 来管理模板和库，所以在详细介绍模板和库之前，我们要先介绍用于管理的"资源"面板，如图 5-3 所示。

图 5-3　"资源"面板

　　打开面板组中的"文件"面板，选择其中的"资源"面板，或执行菜单"窗口"|"资源"命令，都可以展开"资源"面板。"资源"面板管理着站点中的所有网页元素，分为以下几类：

　　(1) ：指站点中的所有图像资源。

　　(2) ：指在站点中所定义的颜色资源。

　　(3) ：指在站点中所设置的所有链接。

　　(4) ：指站点中所有的 Flash 动画。

　　(5) ：指站点中所有的 Shockwave 资源。

　　(6) ：指站点中所有的影片资源。

　　(7) ：指站点中所有的脚本资源。

　　(8) ：指站点中所有的模板资源。

(9) ▭ ：指站点中所有的库资源。

5.1.1 创建模板

创建模板有两种方法：一种是在模板编辑环境中从头创建模板，另一种是修改已有的 HTML 文档然后转换成模板。

模板可以自动保存在站点根目录下的 Templates 文件夹内。当创建第一个新模板时，Dreamweaver 会自动在站点的根目录下创建一个 Templates 子目录。如果改变模板的位置，模板将不能正常工作。

1．创建新的模板

创建一个新的模板，执行以下步骤：

(1) 执行"窗口"|"资源"命令，显示"资源"面板，然后单击"资源"面板左边的"模板"按钮 ▤，显示模板类资源，如图 5-3 所示。

(2) 单击模板类别中右下角的"新建模板"按钮 ➕，输入新模板的名称，例如 moban1。

(3) 单击图 5-3 资源面板中的"编辑"按钮 ✎，或双击模板文件名，即进入模板编辑环境，如图 5-4 所示。

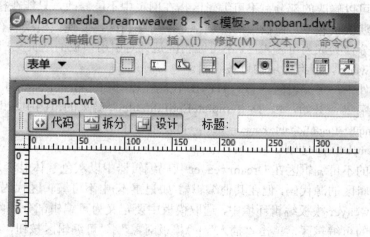

图 5-4　模板编辑环境

(4) 执行"修改"|"页面属性"命令，设置模板页面的属性。

(5) 保存，模板创建完成。

使用了该模板的 *.html(/*.htm)文件将继承模板页面属性中除页面标题外的所有属性。即一个使用了模板的网页，在页面属性窗口中只可以改变网页的标题，其他任何网页属性的改变都将被屏蔽，无法编辑。

2．将普通网页转化为模板

将已有文档另存为模板，执行以下操作：

(1) 执行"文件"|"打开"命令，打开选定的网页文档。

(2) 执行"文件"|"另存为模板"命令，弹出如图 5-5 所示的保存模板文件窗口，在

下面的"另存为"后面的输入框中填写新建模板文件名，例如 moban2。

（3）单击"保存"按钮，模板文件以 .dwt 为扩展名保存在站点根目录下的 Templates 文件夹中。

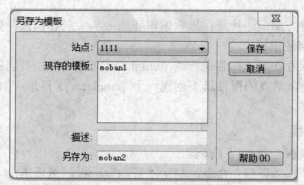

图 5-5　"另存为模板"窗口

5.1.2　编辑模板

模板内分为两部分：可编辑区(Editable Region)及不可编辑区(Locked Region)。可编辑区指在网页中可以修改的部分，不可编辑区指在网页中不能修改，只能在模板编辑环境下编辑的部分。默认状态下，模板中的区域都是不可编辑区，要使该模板具有应用价值，必须修改某些部分使其成为可编辑区。不可编辑区是针对引用模板的网页文档(.html)而言的，在模板环境(.dwt)下，所有区域均可被编辑。

在模板文件中，可编辑区内容的 HTML 代码在以<!--TemplateBeginEditable name = "可编辑区的名字 "-->开始，以<!—TemplateEndEditable-->结束的范围中。即

    <!--TemplateBeginEditable name = "aaa"-->可编辑区的内容

    <!—TemplateEndEditable-->

普通网页的不可编辑区在 Dreamweaver 代码编辑器中以灰色字体显示，不能被修改，只能修改可编辑区的源代码，但在其他编辑器(如记事本)中不可编辑区代码是可以修改的。

在 Dreamweaver 模板编辑环境中，选取模板中要定义为可编辑部分的内容或者将光标移动到欲新建的可编辑区，单击"插入"|"模板对象"|"可编辑区按钮，在弹出的图 5-6 对话框中输入可编辑区的名字。

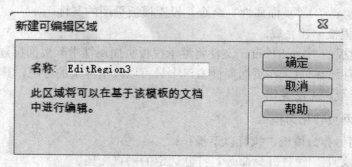

图 5-6　"新建可编辑区域"对话框

在模板中，可编辑区突出显示墨绿色的边框。在 Dreamweaver 中可以将整个表格定义为可编辑区域，也可以只将某一单元格定义为可编辑区域。

注意：层与层上面的内容是不同的元素，若将层<div>定义为可编辑部分，则可以改变该层的位置；而将层上的内容定义为可编辑区域则只可以修改层上的内容，请注意这个区别。

要删除可编辑区域，应先选中要删除的可编辑区，执行"修改"|"模板"|"删除模板标记"命令或指向欲删除可编辑区域，打开右键菜单，执行"模板"|"删除模板标记"命令。删除后的可编辑区域恢复为不可编辑区域。

5.1.3　模板的使用与脱离

模板创建后，就可在网页中使用。通常，可以为网站设计几套不同的模板，为不同的页面提供不同的方案，或者为不同级别的网页提供不同的布局。

1．使用模板

方法一：打开一个空白的网页文档，从"资源"面板下的"模板"类别中选中要插入的模板，直接拖动到网页中，该模板就被应用到文档了。整个文档将以淡黄色外框环绕，在右上角将显示模板名称。在使用模板的文档中，只能修改墨绿色外框内的可编辑区内容，可以使用文本、图像或其他内容替换可编辑区占位符。

方法二：

(1) 新建一个空白网页。

(2) 执行"修改"|"模板"|"应用模板到页"命令，打开"选择模板"对话框，如图 5-7 所示。

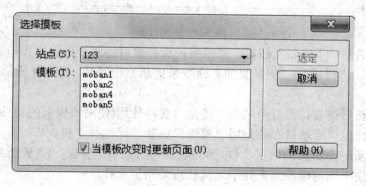

图 5-7　"选择模版"对话框

(3) 在对话框中，选择本站点中已有的模板"moban.dwt"，单击"确定"按钮。这样，空白网页即已套用模板。

2．用模板更新网站

模板应用于文档之后仍可以随时修改模板。当使用修改后的模板时，文档中只有不可编辑的部分才会随模板更新(可编辑和不可编辑是针对网页而言的)，因此不会对文档编辑内容造成破坏。这种使用模板更新文件的方法大大节省了用户的时间，尤其在涉及大量文档的改动时极为有效。

　　修改模板并执行"文件"|"保存"命令后，Dreamweaver 会弹出图 5-8 所示的窗口，将站点中使用了该模板的文件列出来，并询问用户是否使用模板更新网站。

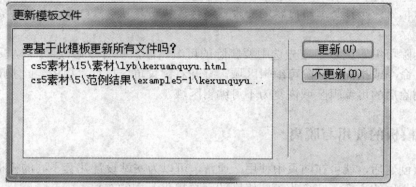

图 5-8　更新模板文件

　　若单击"更新"按钮，系统将自动更新本站点中所有使用了该模板的文件，并将文件是否成功更新的结果显示出来，如图 5-9 所示。

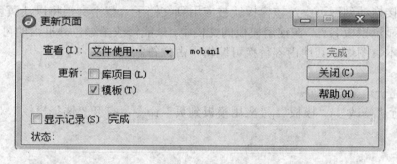

图 5-9　更新页面

　　如果单击的是"不更新"按钮，系统将模板存盘后返回模板编辑窗口。需要时，可随时执行"修改"|"模板"|"更新页面"命令来更新整个网站，图 5-9 所示的"更新页面"可以进行设置。

　　查看：更新后查看是"整个站点"还是"文件使用(使用该模板的文件)"的信息。

　　更新：选择用"库项目"还是用"模板"更新，请选择"模板"。

　　如果要更新一个单独的网页文件，可执行"修改"|"模板"|"更新当前页"命令，则系统只更新使用当前模板且正处于编辑状态的网页文件。

3. 脱离模板

　　如果需要将文档和模板分离，即执行"修改"|"模板"|"从模板中分离"命令。脱离模板后的网页将成为普通网页，不再有可编辑区和不可编辑区之分，网页上所有的区域就都可以进行任意编辑了。但是一旦分离，当更新模板时，该文档就不再会随之更新了。

5.1.4　模板创建和应用实例

　　【例 5-1】　制作一个简单的小商品销售网站模板，如图 5-10 所示，并应用该模板制作页面如图 5-11 和图 5-12 所示。

图 5-10 网站模板

步骤一：创建模板。

(1) 执行"窗口"｜"资源"命令，显示"资源"面板(如图 5-3 所示)，单击面板左边的"模板"按钮，然后再单击模板面板右下角的"新建模板"按钮，输入新模板的名称：mymoban。

(2) 双击该文件名，进入 mymoban.dwt 的编辑环境。

(3) 插入一个 4 行 1 列的表格。在下方的"属性"面板中将"边框"、"填充"、"间距"均设为 0，"对齐"设为居中对齐。根据素材图片的大小，将表格的宽度设置为 723 像素，如图 5-11 所示。

图 5-11 表格属性面板

(4) 为第 1 行添加背景图像。鼠标放入第 1 行，选择"属性"面板中的"背景"选项后的文件夹图标(如图 5-12 所示)，选择"top1.jpg"。

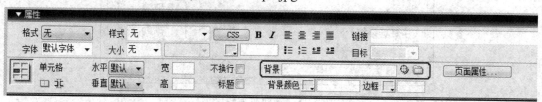

图 5-12 添加背景

将第 1 行的行高设置为图像 top1.jpg 的高度 66 px，代码如下：

```
<tr>
    <td background = "../5-1/images/top1.jpg" height = "66"> </td>
</tr>
```

然后在第 1 行内，插入一个 1 行 4 列的表格，属性设置如图 5-13 所示，并在表格内输入文字：首页，礼品，订购，联系我们。

图 5-13　第 1 行内嵌表格属性设置

(5) 鼠标放入第 1 行，执行"插入"|"图像"命令，选择"top2.jpg"。

(6) 为第 3 行添加背景图像"middle.jpg"，方法同(4)。将第 3 行的行高设置为图像 middle.jpg 的高度 316 px，代码如下：

```
<tr>
    <td background = "../5-1/images/middle.jpg" height = "316"> </td>
</tr>
```

然后在第 3 行内插入一个 1 行 2 列的表格，属性设置如图 5-14 所示。

图 5-14　第 3 行内嵌表格属性设置

(7) 为第 4 行添加背景图像"bottom.jpg"，方法同(4)。将第 4 行的行高设置为图像 bottom.jpg 的高度 91px。

步骤二：插入可编辑区域。

(1) 选中第 3 行的内嵌表格的左单元格，将单元格的垂直对齐方式(valign)设置为"顶端(top)"，即<td valign = "top"> </td>。然后执行"插入"|"模版对象"|"可编辑区"命令，弹出的对话框中，该区域的默认名称由默认的 EditRegion3 修改为"左单元格"，如图 5-15 所示。

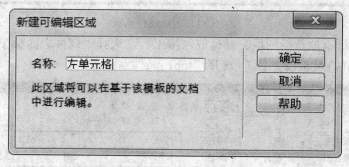

图 5-15　新建可编辑区域

(2) 采用相同的方法,在第 3 行的内嵌表格的右单元格内插入可编辑区域"右单元格",如图 5-16 所示。

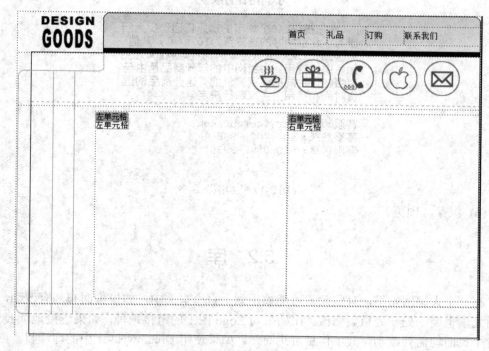

图 5-16　插入两个可编辑区域

(3) 保存。

步骤三:应用模板,创建网页 index.html。

(1) 在 5-1 文件夹下,新建空白文档,命名为 index.html。

(2) 执行菜单"修改"|"模板"|"应用模板到页"命令,打开"选择模板"对话框(如图 5-7 所示),选择"mymoban.dwt",单击"选定"后,模板就套用在页面中。

(3) 在左单元格插入图像 5-1-1.jpg。首先将左单元格内可编辑区域的"左单元格"四个字删除,执行"插入"|"图像"命令,弹出"选择图像源文件",选择 5-1-1.jpg。

(4) 在右单元格插入图像 5-1-2.jpg,方法同上。

(5) 保存,预览,如图 5-1 所示。

步骤四:应用模板,创建网页 order.html。

(1) 在 5-1 文件夹下,新建空白文档,命名为 index.html。

(2) 套用模板"mymoban.dwt",方法如步骤三(2)。

(3) 在左单元格内插入 flash。执行"插入"|"媒体"|"Flash"命令,选择"order.swf"。

(4) 在右单元格内输入文字:我们的服务为您提供 240 个城市的加急快递送货上门服务。北京地区的送货费为 10 元/单,其他地区 15 元/单。单张定单购物金额满 200 元免加急送货费用。当当网中的部分商品是由与当当签订合同的商家提供的,这些商品的送货时间和费用由买家自行决定。客服邮箱:service@abc.com 客服热线:400-700-9988 客服传真:010-9999-9988。

(5) 设置标题的文字样式，如图 5-17 所示。

我们的服务

为您提供240个城市的加急快递送货上门
服务。北京地区的送货费为10元/单，其他
地区15元/单。单张定单购物金额满200元免
加急送货费用。当当网中的部分商品是由与
当当签订合同的商家提供的，这些商品的送
货时间和费用由买家自行决定。

客服邮箱：service@abc.com
客服热线：400-700-9988
客服传真：010-9999-9988

图 5-17　文字样式

(6) 保存，预览。

5.2　库

在一个大型网站里，有些元素可能被用到上百个页面中，如果页面布局有改动，这些页面元素也要一处一处重新修改。比如公司 Logo 图上的链接地址，如果链接地址要变动，则各个页面均需要改动，其工作量可想而知。如果使用 Dreamweaver 中的库项目，则可以减轻这方面的工作量，便于维护。

网站中各网页上的版权信息、公司商标等常用的构成元素均被反复应用，故可以转换为库项目存入库中，在需要的时候进行调用。

所谓库项目，实际上就是文档中的某些内容的组合，如一幅图片、一张表格、版权信息等，也可以是几个网页元素的组合。当编辑网页需要时，只需要把库项目拖放到页面中就可以使用。

此时 Dreamweaver 会在页面中插入该库项目的 HTML 代码的复制，并创建一个对外部库项目的引用。这样，如果对库项目进行修改并使用更新命令，即可以实现整个网站各页面上的库项目相关内容的更新。对某些方面的应用来说，库的使用比模板更显得灵活。

Dreamweaver 将所有的库项目存放在每个站点根目录下的"Library"文件夹中，扩展名为".lbi"，库文件的内容就是代码。

5.2.1　创建库项目

创建库文件有两种方法：新建库文件和将网页内容转化为库文件。

1. 新建库文件

(1) 打开"资源"面板(如图 5-3 所示)，单击"库"面板 🕮 。

(2) 单击"库"面板右下角的"新建库项目"按钮 🗗 (或在面板空白处单击右键，在快捷菜单中选择"新建库项目")，新增一个空白库，可以给库命名，例如页脚(foot)，如

图 5-18 所示。

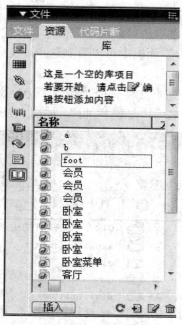

图 5-18 库面板

(3) 双击此库名,打开库文件进行编辑,编辑的方法与编辑一般网页文件一样。应注意的是,库文件实际上是要插入在网页中的一段代码,所以库文件的编辑窗口,除了不可以设置页面属性外,和普通文档一模一样。

(4) 保存,库文件创建完成。

(5) 观察"文件"面板,在站点的文件结构里已自动新建了一个文件夹,名为"Library",新建的模板文件存放在这里,文件扩展名为".lbi",如图 5-19 所示。

图 5-19 文件面板—库文件夹 Library

2．将网页内容转换为库文件

(1) 打开站点中已编辑好的网页，选中网页中某部分内容(例如导航栏)。

(2) 执行"修改"|"库"|"增加对象到库"命令，将选中的内容转换为库文件，库文件名设置为"导航栏"，在"库"面板中可以看到这个库文件和内容。

(3) 查看库文件内容。

切换到"文件"面板，在站点文件夹中，新增了一个文件夹，名为"Library"，新增的库文件就在这个文件夹里，名为"导航栏.lbi"，如图 5-20 所示。

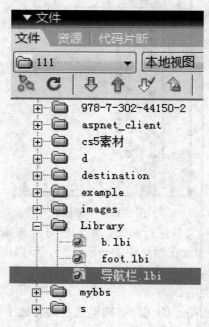

图 5-20　文件面板

双击这个库文件，在文档编辑窗口中(如图 5-21)，可以继续进行设计。与网页不同的是，它只是一部分元素，没有完整的网页结构。

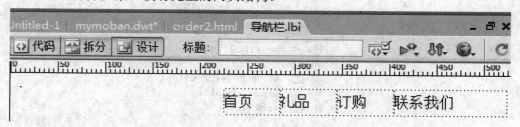

图 5-21　编辑库文件

5.2.2　网页与库文件脱离

网页中使用了库文件，该部分元素在网页中不能直接被编辑，有时候也需要进行脱离以便单独进行修改。方法是选中网页中插入的库文件，在其对应的"属性"面板中单击"从源文件中分离"按钮，这样，原来不可编辑的库文件区域也可以进行编辑修改了。

【例 5-2】 创建库项目并使用库更新页面文件。

(1) 打开例 5-1 中创建的模板 mymoban.dwt，将第一行内嵌入的表格转换为库文件，命名为导航栏.lbi，如图 5-22 所示。与图 5-16 相比，导航栏变成淡黄色，且不可编辑。

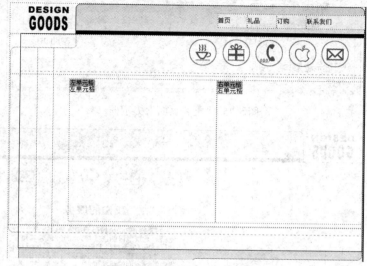

图 5-22　添加了库项目的模版

(2) 打开库项目导航栏.lbi 文件，添加一栏内容"会员专栏"，如图 5-23 所示。

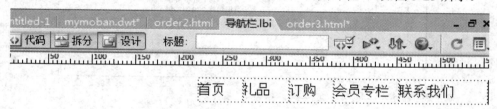

图 5-23　库项目的更新

(3) 修改了库文件导航栏.lbi，单击"保存"按钮后，可以更新使用该库文件的模板和网页。弹出的"更新库项目"提示框如图 5-24 所示。

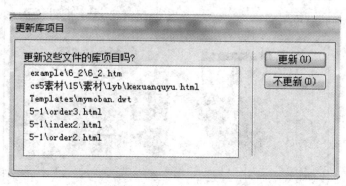

图 5-24　"更新库项目"提示框

(4) 单击"更新"按钮，弹出如图 5-25 所示"更新页面"提示框，此时，使用模板 mymoban.dwt 的网页"index.html"和"order.html"已自动更新，更新后的页面如图 5-26

图 5-27 所示。

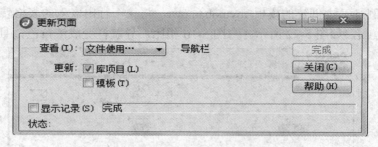

图 5-25 "更新页面"提示框

图 5-26 更新后的页面 order.html

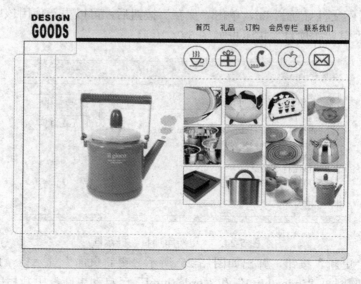

图 5-27 更新后的页面 index.html

由于模板文件决定了网页的布局框架，所以可能有时风格一致，但缺乏灵活性和个性。库项目则可以弥补这一不足。将若干网页元素，如图、表格等制作为一个库项目，可以直接插入到正在制作的网页中，这样，一个网站中有多个位置用到相同的元素，节省了时间。在站点的管理下，修改库文件，可以更新使用库项目的网页。

思 考 题

1. 什么是模板？什么是库？它们的功能是什么？有什么区别？
2. 模板与库的源文件可以随便存放吗？系统将它们存放在哪里？
3. 叙述创建一个模板文件的两种方法。
4. 如何建立模板的可编辑区？如何删除模板的可编辑区？
5. HTML 代码是如何描述模板的？
6. 如何在网页文档中引用模板？
7. 如何脱离网页文档与模板的关系？
8. 如何用模板更新网站？
9. HTML 代码是如何描述库的？
10. 如何建立库项目？
11. 如何修改库项目并更新网站？
12. 如何在网页文档中引用库项目？
13. 如何在网页文档中脱离库项目"引用"与库项目的关系？

第 6 章　 CSS 基础语法与应用

本章主要介绍 HTML 网页中 CSS 基础语法和应用方法。

样式是一组可以控制文本块、段落或整篇文档外观的格式属性。CSS(Cascading Style Sheets)即级联样式表或层叠样式表，通过样式名或 HTML 标签表示，可以有效地对页面的布局、字体、颜色、背景等格式实现准确的控制。CSS 是设置页面元素外观的重要技术，可以应用和管理多个网页页面，从而大幅缩减 HTML 文件的大小，将页面内容和外观设计分离，对提高页面设计和维护效率有着极其重要的意义。

同时 CSS 因 Web 标准而诞生，各浏览器对于 CSS 的支持也日益完善。需要注意的是，目前不同浏览器对 CSS 存在兼容能力有强有弱的问题。

为了防止某些浏览器无法识别某些 CSS 样式，可以用注释标签<!--……-->将 CSS 样式括起来。

6.1　 CSS 样　式

首先通过一个实例来认识 CSS 样式。

【例 6-1】 制作多彩文字标题。要求使用<h1>创建一个多彩文字标题，然后使用 CSS 样式对标题进行修饰，可以从颜色、尺寸、字体、背景、边框等方面入手，实例完成后，其效果如图 6-1 所示。

图 6-1　效果图

具体操作步骤如下：

(1) 打开一个空白文档，完成页面的基本框架，代码如下：

```
<html>
<head>
<title>多彩文字标题</title>
</head>
<body>
<h1>新闻联播<h1>
```

```
</body>
</html>
```

（2）在<head></head>内加入 CSS 样式，对<h1>标签进行修饰，对颜色、字体和字号进行设置，并将图片平铺在文字下方，修改标题的宽度，保存并预览。代码如下：

```
<head>
<title>多彩文字标题</title>
<style>
    h1{
        font-family: Arial, sans-serif;
        font-size: 80px;
        color: #003229;
        background: url(01.jpg) repeat;
        width: 450px;
    }
</style>
</head>
```

（3）使用 CSS 样式给每个字体设置不同的颜色。代码如下：

```
<html>
<head>
<title>制作多彩标题</title>
</head>
<style>
<h1>{
    font-family: Arial, sans-serif;
    font-size: 80px;
    color: #369;
    background: url(01.jpg) repeat;
    width: 450 px
}
.c1{color: #B3EE3A;}
.c2{color: #71C671;}
.c3{color: #00F5FF;}
.c4{color: #00EE00;}
</style>
</body>
<h1>
<span class = c1>新</span>
<span class = c2>闻</span>
<span class = c3>联</span>
```

```
<span class = c4>播</span>

</h1>

</body>

</html>
```

(4) 保存，预览效果。

6.2　CSS 语法

通过例 6-1 的学习，可总结出 CSS 语法的结构和特性。

CSS 样式的使用可以美化网页的作用，更重要的是可以将网页内容和网页样式分离，方便网站后期的管理和维护。

CSS 样式表位于 XHTML 代码中的 head 标签内。CSS 的定义由三部分构成：选择符(selector)、属性(properties)和属性值(value)。格式如下：

```
Selector {
    properties 1：value1;      /第 1 个属性名及属性值/
    properties 2：value 2;     /第 2 个属性名及属性值/
}
```

其中 /...../ 为注释符，其内可以书写代码说明。若属性值由中文组成，应在值上加西文引号，如：P{font-family："方正舒体"}。

6.2.1　常用选择符

选择符也称为选择器，HTML 中的所有标记都是通过不同的 CSS 选择器进行控制的。根据 CSS 选择符的用途可分为标签选择符、类选择符、ID 选择符等。

1．标签选择符

HTML 文档是由多个不同标记组成的，而 CSS 标签选择符就是声明这些标记的样式。例如 p 选择器，就是声明页面中所有段落<p>的样式风格。也可以同时设定多个标签，称为标签选择符组。

标签选择符组：把相同属性和值的标签组合起来书写，用逗号隔开。如：

```
P，table{font-size：10px;}
```
等同于
```
p{font-size：10px;}
table{font-size：10px;}
```

2．类选择符

类选择符可用于任意标签的自定义样式，标签名与自定义样式名用西文点分隔。格式为：

```
.Selector{ Properties: value }
```
例如：
```
.center{text-align：center}      /定义居中/
```

.rd{ color: red }　　　　　　　　　/定义颜色/

表示该样式可以用于任何元素，如类.center{text-align：center}可以用于标签 h1 或标签 P。调用格式为

　　　　<h1 class = "center">该标题居中</h1>

　　　　<p class = "center">该段落居中</p>

其中，两个标签中间的文字"该标题居中"是附加 CSS 样式的文 class = "center" 指明该文本使用的 CSS 样式名。

3. ID 选择符

ID 选择符是只对某特定元素定义的单独的样式，与类选择符相似。格式为：

　　　　# idvalue{Properties:value }

其中，idvalue 是选择符的名称，可以由 CSS 定义者自己命名。如果某标签具有 id 属性，且该属性值为 idvalue，那么该标记的呈现样式由该 ID 选择器控制。在正常情况下，id 属性值在文档中具有唯一性。

注意：类选择符与 ID 选择符的区别如下。

每个 html 标签允许有多个类选择符(class)，但是一般只允许拥有一个 ID 选择符(id)。ID 选择符比类选择符有更高的优先级。

【例 6-2】 类选择符与 ID 选择符的优先级比较。效果如下代码所示。

```
<html>
  <head>
      <title>ID 选择器</title>
      <style >
          #fontstyle{color:blue; font-weight:bold;    font-size:30px;}
          .text{ color:red;    text- decoration:underline;    }
      </style>
  </head>
    <body>
        <p id = "fontstyle"    class = "text" >ID 选择器与类选择器的优先级比较</p>
    </body>
</html>
```

代码演示的结果，说明 CSS 样式中，ID 选择符和类择符设置重复的部分(例如颜色)，选择优先级高的样式，不重复的部分将叠加显示。

4. 包含选择符

包含选择符定义具有包含关系的元素样式。若标签 1 内包含标签 2，包含选择符只对标签 1 内的标签 2 有效，对单独的标签 1 或标签 2 无效。如：

　　　　Table. a{font-size：16px}　　/*只对表格内的链接起作用*/

注意：样式表具有层叠性，也称为继承性，即内层标签的样式继承外层标签的样式。若使用不同的选择符定义相同的元素时，它们的优先级是 ID 选择符高于类选择符，类选择符高于标签选择符。

6.2.2　CSS 的使用方法

CSS 样式表能很好地控制页面显示，分离网页内容和样式代码。CSS 样式的使用方法常见的有四种：行内样式、内嵌样式、导入样式和链接样式。

1．行内样式

行内样式就是直接把 CSS 代码添加到 HTML 的标记中，即作为 HTML 标记的属性标记存在。通过这种方法，可以很简单地对某个元素单独定义样式。例如：

　　　　<p style = "color: red">段落样式</p>

2．内嵌样式

内嵌式就是把样式写在<head>标签中，如例题 6-1 及例题 6-2 所示。

3．导入样式

导入样式是指在内嵌样式表的<style>标记中，使用@import 导入一个外部样式表，例如：

　　　　<head>

　　　　<style>

　　　　<!-- @import"1.css"-->

　　　　</style>

　　　　</head>

导入样式的方法：单击 CSS 面板右下角的"附加样式表"按钮 ，如图 6-2 所示，弹出如图 6-3 所示窗口，单击"浏览"按钮选择附加的样式表文件，单击"确定"按钮即可。

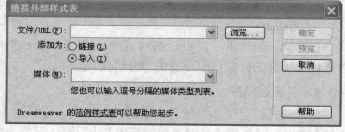

图 6-2　CSS 面板　　　　　　　　　　图 6-3　导入外部样式

4．链接样式

链接样式是指在外部定义 CSS 样式表并形成以.CSS 为扩展名文件，然后在页面中通过<link>链接标记链接到页面中，而且该链接语句必须放在页面的<head>标记区内。例如：

　　　　　　　　　　`<link rel = "stylesheet" type = "text/css" href = "1.css">`

　　其中：rel 指定链接到样式表，其值为 stylesheet；type 表示样式表类型为 CSS 样式表；href 指出 CSS 样式表所在的位置，此处表示当前路径下名称为"1.css"的样式表文件。

　　链接样式是把内嵌样式文件单独分离出来，很好地将页面内容和样式风格分离开来。由于链接样式在减少代码书写和减少维护工作方面都有非常突出的作用，所以链接样式是最常用的一种方法。另外，链接样式也可以在一个页面中链接多个文件。链接样式方法同"导入样式"的方法一致，如图 6-4 所示。

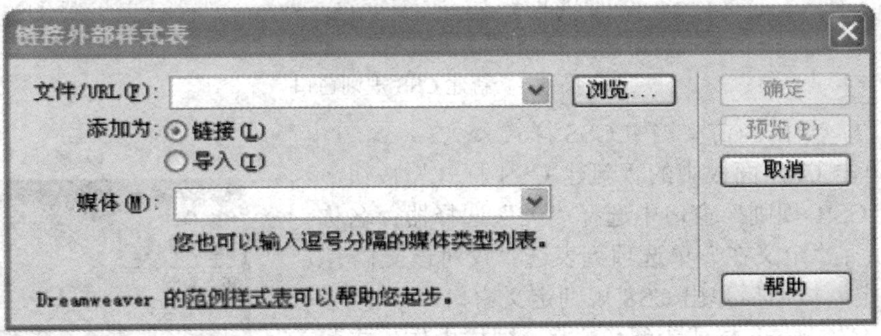

图 6-4　链接外部样式

　　导入样式与链接样式在使用上非常相似，都实现了页面与样式的文件分离。二者的区别在于导入样式在页面初始化时，把样式文件导入到页面中，这样就变成了内嵌样式，而链接样式仅是发现页面中有标签需要格式时才以链接的方式引入，比较看来还是链接样式最为合理。

　　注意：如果同一个页面采用了多种 CSS 使用方法，例如行内样式、内嵌样式和链接样式用于同一个标记，就会出现优先级的问题，那么行内样式优先级最高，其次是链接样式，内嵌样式优先级最低。

6.2.3　CSS 样式的导出

　　在单个文档中设置的样式只在该文档中有效，要使单个文档中的样式应用到其他文档，则应将其中的样式导出为样式表文件，这样 Dreamweaver 就可以通过样式表文件链接到其他网页，使整个站点具有相同的样式设置。

　　【例 6-3】　建立及导出 CSS 样式表文件。具体操作如下：

　　步骤一：新建样式表文件。

　　(1) 单击 CSS 面板中的"新建 CSS 样式"按钮，在"新建 CSS 规则"窗口中选择"类"选择器(如图 6-5 所示)，名称为".red"，"定义在"单选项列表选"(新建样式表文件)"，单击"确定"按钮后弹出保存文件窗口，且路径已是站点根目录下的 CSS 子目录，文件名命名为 mycss.CSS。

　　(2) 定义 .red 样式为红色文字，该样式即保存在 mycss.CSS 文件中。

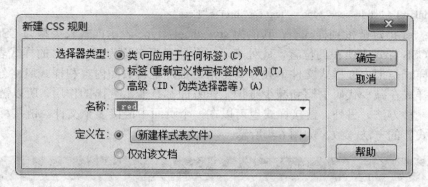

图 6-5　新建 CSS 规则窗口

步骤二：导出当前文档中 CSS 样式。

(1) 单击 CSS 面板中的"新建 CSS 样式"按钮，在"新建 CSS 规则"窗口中选择"类"选择器；名称为".green"；"定义在"单选项列表选"仅对该文档"，单击"确定"按钮后弹出 CSS 规则定义窗口。

(2) 定义 .green 样式为绿色文字。同样操作建立黄色文字的.yellow 样式。

(3) 在 CSS 面板中选中".green"样式，打开右键菜单，执行"导出"命令，或执行"文件"|"导出"|"CSS 样式"命令，如图 6-6 所示。

(4) 在弹出的"导出样式为 CSS 文件"对话框中，选择样式表文件的保存路径(保存到 CSS 子目录中)，然后输入样式表文件名 mycss1.CSS，单击"保存"按钮。

步骤三：应用各种 CSS 样式。

在文档窗口输入文字"红色"、"绿色"、"黄色"，分别通过"属性"面板为它们附加 red、green、yellow 样式，如图 6-7 所示。

图 6-6　导出当前文档中 CSS 样式

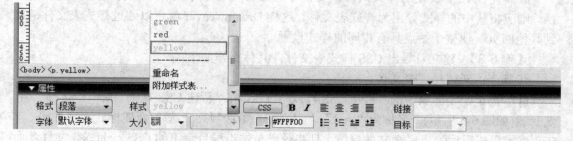

图 6-7　样式的应用

步骤四：查看并编辑样式表文件。

执行"文件"|"打开"命令，打开 mycss1.css 及 mycss.css 文件，查看其中的内容，可直接编辑 CSS 文件，如图 6-8 所示。

图 6-8　查看 CSS 文件

6.3　CSS 样式表的应用实例

要使页面布局合理，就要精确安排各页面元素的位置，而且页面颜色搭配协调以及字体大小、格式规格的设置等，这些都离不开 CSS 中用来设置基础样式的属性。

【例 6-4】　通过 CSS 样式，实现页面的整体布局和内容的合理放置。页面效果如图 6-9 所示。

图 6-9　网页范例

步骤一：整体布局分析。

观察图 6-10，矩形边框将页面分为两层，分别是 top 层和 bottom 层。

图 6-10　页面的布局

步骤二：创建网页。

(1) 新建空白网页文件，命名为 6-4.html。

(2) 新建空白 CSS 文件，执行"文件" | "新建"命令，弹出窗口如图 6-11 所示，"类别"选择基本页，"基本页"选择"CSS"，单击"创建"按钮后，保存在站点下方，命名为 style2.css。

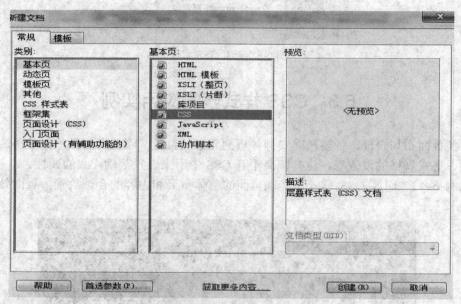

图 6-11　新建 CSS 文件

(3) 打开 6-4.html 页面，单击 CSS 面板的右下角的"附加样式表"按钮 ，链接 style2.css 到页面中，在页面的 head 标记内出现链接语句。代码如下：

```
<head>
<title>CSS 应用 </title>
<link href = "mycss2.css" rel = "stylesheet" type = "text/css" />
</head>
```

步骤三：设置网页布局和 CSS 样式。

(1) 打开 6-4.html，切换至代码视图，在<body></body>内创建两个层，代码如表 6-1 所示。

表 6-1　代 码 段 说 明

代码段（...省略部分）	说　明
<body>	
<div id = "top">.....</div>	定义 top 层
<div id = "bottom">....</div>	定义 bottom 层
</body>	

(2) 页面整体设置。

在不同浏览器中，表格边框与页面边距的距离可能不同，为了精确控制层的位置，一般在页面制作前，先对页面整体进行设置。

　　单击"CSS 面板"右下方的 按钮，在弹出的"新建 CSS 规则"对话框(如图 6-12 所示)中，"选择器类型"选择"标签"，在"标签"名称文本框中输入"body"，"定义在"要选择 style2.css，单击"确定"按钮后，在信息框中设置"方框"为 0 像素，"大小"为 12 像素，添加背景图像，且不重复，如图 6-13、图 6-14、图 6-15 所示。单击"确定"按钮后，在 style2.css 文件中将出现 body 标记的样式表，如图 6-16 所示。

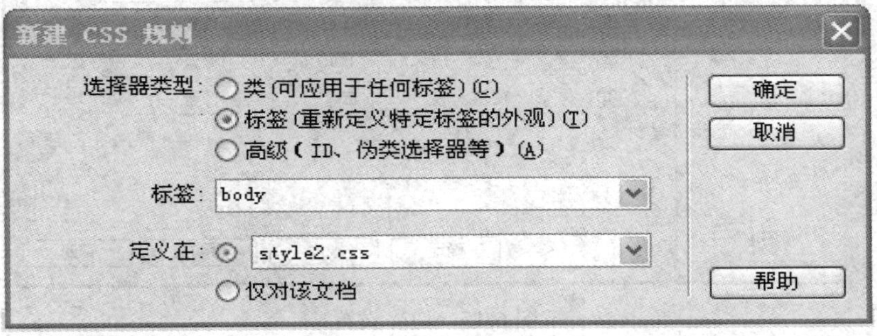

图 6-12　"新建 CSS 规则"对话框

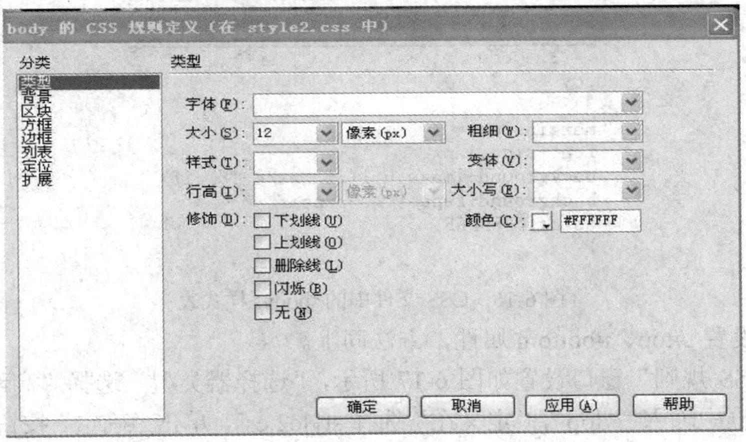

图 6-13　字体颜色设置

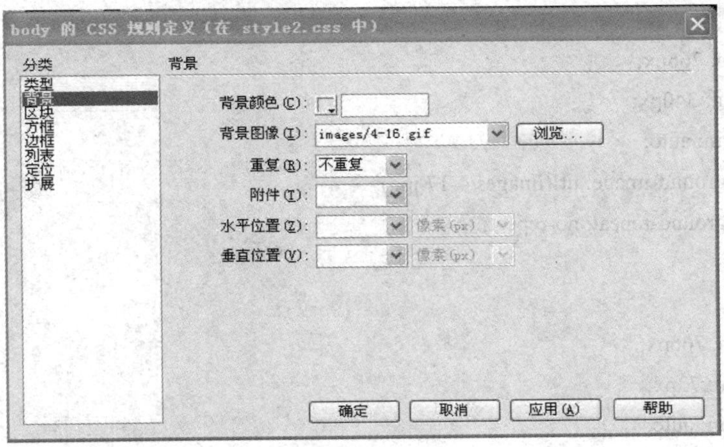

图 6-14　背景设置

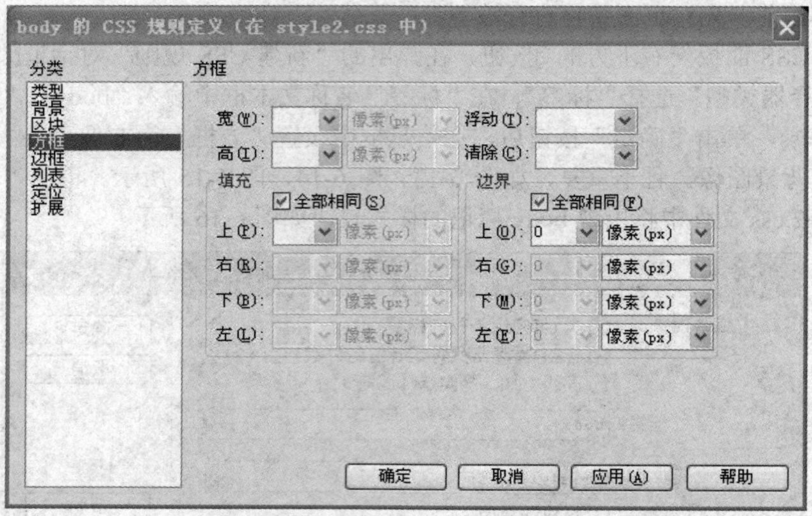

图 6-15　边界设置

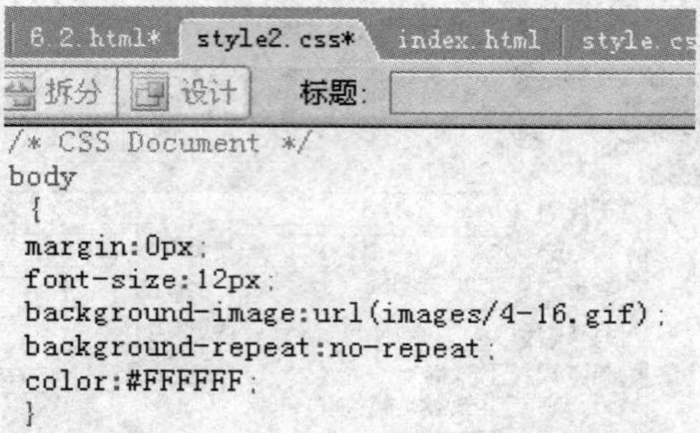

图 6-16　CSS 文件中的\<body\>样式表

(3) 分别设置 #top、#bottom 属性，方法同上。

　　"新建 CSS 规则"窗口设置如图 6-17 所示，"选择器类型"选择"高级"，在"选择器"名称文本框中输入"#top"，"定义在"选择 style2.css，单击"确定"按钮后，参照 CSS 样式表代码设置 #top、#bottom。代码如下：

```
#top{
    width: 766px;
    height: 340px;
    margin: auto;
    background-image: url(images/4-17.jpg);
    background-repeat: no-repeat;
}
#bottom{
    width: 766px;
    height: 73px;
    margin: auto;
    background-image: url(images/4-30.gif);
```

```
background-repeat: no-repeat;
background-color: #000000;
}
```

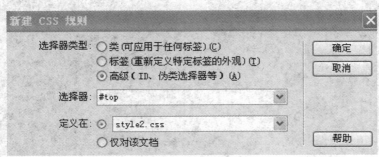

图 6-17　新建 CSS 规则#top

步骤四：为 top 层添加内容。

(1) 在 top 层添加一个 1 行 2 列的表格，然后在表格的左右单元格分别插入<div><img>等网页元素，如图 6-18 所示。

图 6-18　在 top 层建立表格

(2) 在设计视图下，用辅助线定位 4-18.gif，并用标尺测量出图像与表格边框的距离，如图 6-19 所示。创建新的样式表 #top-left1 用来设置放置图 4-18.gif 的层<div id = "top-text1"></div>的样式。代码如下：

```
#top-left1
{
    width: 450px;
    height: 31px;
    margin-left: 55px;
    margin-top: 18px;
    background-image: url(images/4-18.gif);
    background-repeat: no-repeat;
    background-position: left;
}
```

图 6-19　网页元素定位

(3) 打开 6-4.html 页面，切换至代码视图，在表格的左单元格内添加一个层<div>，id 属性设置为 #top-left1。代码如下：

```
<div id = "top">
    <table width = "100%" border = "0" cellspacing = "0">
      <tr>
        <td width = "67%" valign = "top" scope = "col">
          <div id = "top-left1"></div>
          <div id = "top-left2">CSS 样表的使用可以使网页变得更加生动、活泼</div>
        </td>
        <td width = "33%" valign = "top" scope = "col"> </td>
      </tr>
    </table>
</div>
```

(4) 在表格的左单元格内继续添加一个层<div>，层的外边距(margin)的测量方法同上 (如图 6-20 所示)，该层的 id 属性设置为 #top-left2，其样式表代码如下：

```
#top-left2
{
    width: 180px;
    height: 40px;
    margin-left: 300px;
    margin-top: 135px;
    line-height: 20px;
    font-family: "华文楷体";
    font-size: 18px;
}
```

在<div id = "top-text2"> </div>输入文字"CSS 样式表的使用可以使网页变得更加生动、活泼！"，表格代码参考(3)所示。

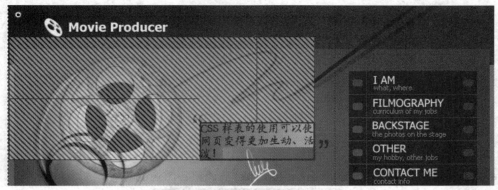

图 6-20　层 top-left2 的定位

（5）在表格的右单元格内添加一个层<div>，id 属性设置为 #top-right1，如图 6-21 所示，具体方法同上。样式代码如下：

```
#top-right1 {
width:145px;　margin-left:50px;　margin-top:103px; }
```

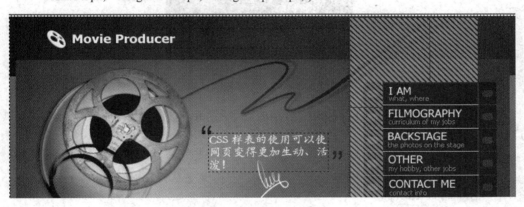

图 6-21　层 top-right1 的定位

（6）切换至 6-4.html 设计视图，在表格右单元格中单击，光标显示位置在单元格右侧内，插入图像 4-19.gif，按下 Shift + Enter 键；继续插入图像 4-20.gif，按下 Shift + Enter 键；继续插入图像 4-21.gif，按下 Shift + Enter 键；继续插入图像 4-22.gif，按下 Shift + Enter 键；继续插入图像 4-23.gif。代码如下：

```
<div id = "top">
    <table width = "100%" border = "0" cellspacing = "0">
      <tr>
        <td width = "67%" valign = "top" scope = "col"> <div id = "top-left1"></div>
            <div id = "top-left2">CSS 样表的使用可以使网页变得更加生动、活泼！ </div>
            </td>
            <td width = "33%" valign = "top" scope = "col">
            <div id = "top-right1">
            <img src = "images/4-19.gif"/><br>
            <img class = "img" src = "images/4-20.gif"/><br>
```

```
            <img class = "img" src = "images/4-21.gif"/><br/>
            <img class = "img" src = "images/4-22.gif"/><br/>
            <img class = "img" src = "images/4-23.gif"/>
          </div>
        </td>
      </tr>
    </table>
  </div>
```

接着通过图像的样式类 .img{margin-top:1px}来调整各图像的位置，如图 6-22 所示。

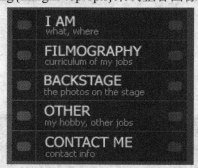

图 6-22　图像范例

步骤五：为 bottom 层添加内容。

(1) 在层<div id = "bottom"></div>里添加一个层<div>，id 属性设置为 #bottom-1(具体方法同上)，如图 6-23 所示。样式表代码如下：

```
#bottom-1{
    width:300px; height:20px;
    margin-left:36px;
    margin-top:23px;
    color:#FFFFFF;
}
```

图 6-23　层 bottom-1 的定位

(2) 切换至 6-4.html 设计视图，光标显示位置在 bottom-1 层内，插入图像 4-31.gif，然后输入信息 "Movie Producer @2006 / Privacy Policy"，对应的代码如下：

```
<div id = "bottom">
    <div id = "bottom-1">
<img src = "images/4-31.gif" width = "17" height = "18" />
Movie Producer &copy; 2006 / Privacy Policy
</div>
</div>
```

(3) 保存，预览。

本章详细介绍了定义 CSS 样式的方法和技巧，具体包括以下内容：

(1) 了解 CSS 样式的基础知识。

(2) 掌握 CSS 样式基本语法。

主要介绍了选择器、选择器声明。通过实例详细介绍了 CSS 规则由选择器和一条或者多条声明组成。选择器通常是需要改变样式的 HTML 元素，每条声明由一个属性和一个值组成。

(3) 运用 CSS 样式设置文本。

介绍如何使用 CSS 样式规范网页文本，包括文本的字体属性和段落属性。字体属性主要介绍了"字体""字号""字体风格""加粗字体""字体颜色"等，段落属性重点介绍了"水平对齐方式""文本缩进""文本行高"等。

(4) 使用 CSS 美化网页。

通过实例详细介绍了使用 CSS 样式美化图片、设置背景和边框等方法和技巧，从而达到美化页面的效果。

思 考 题

1. 什么是 CSS 样式？CSS 样式有什么特点？
2. 在 Dreamweaver 中可以建立哪几类 CSS 样式？
3. 简述 CSS 样式代码的格式，它们写在代码的什么位置？
4. 如何引用外部样式文件？如何导出样式表？

第 7 章　网页布局

　　设计一个漂亮的网页除了要有精彩的素材，还要把这些素材放到合适的位置上，这就是网页布局。

　　网页布局强调页面所包含的各个模块或部分模块的共性因素，使整体美观流畅富有感染力。例如将页面中各视觉元素作全局编排，以周密的组织和精确的定位来获得页面的秩序感，即使运用"散"的结构或是分屏的长页面都作统一规划，运用统一风格，让浏览者体会到设计者完整的设计理想。

　　网页布局的格式没有统一的规格，常用的类型大致可分为"口"字型、拐角型、"三"字型、左右框架型、上下框架型、综合框架型、POP 型、Flash 型、变化型，下面将介绍常见的几种类型。

1. "口"字型

　　"口"字型又称为"同"字型，是大型网站常采用的类型，即最上面是网站的标题以及横幅广告条，接下来就是网站的主要内容，左右分列一些内容，中间是主要部分，与左右一起罗列到底，最下面是网站的一些基本信息、联系方式、版权声明等，这种结构是网上最常见的一种结构类型。如图 7-1 所示。

图 7-1　"口"字型布局

2. "T"字型

　　"T"字型又称为拐角型，这种结构与"口"字型很相近，上面是标题及广告横幅，接下来的左侧是一窄列导航链接，右侧是很宽的正文，下面是一些网站的辅助信息。如图 7-2 所示。

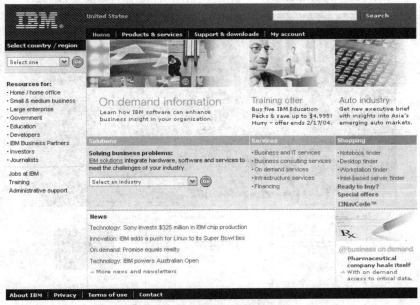

图 7-2　"T"字型布局

3. "三"字型

"三"字型的最上面是标题或类似的一些内容，下面是正文，比如一些文章页面或注册页面等，最下面是网站的版权信息等。如图 7-3 所示。

图 7-3　"三"字型

4. 对比型布局

对比型采用空间或色彩上的对比来冲击视觉，这种页面(如图 7-4 所示)通过大幅空间呈现清新自然环境中的一把舒适的大椅子让浏览者安静下来，怡然自得地进入家私主题。

有些网页也采用左右或上下对称的布局，一半深色，一半浅色，形成色彩对比。

图 7-4　对比型布局

5．POP 型

POP 型又称为封面型，POP 印子广告术语，整个页面的布局像一张宣传海报、画册封面等，以一张精美图片作为页面的设计中心，强调个性表现，常用于时尚类站点。该类页面显得格外漂亮而吸引人，如图 7-5 所示。

图 7-5　POP 型布局

Dreamweaver 中可以使用 DIV + CSS、标准表格、层、框架等方法进行网页布局，每一种网页布局技术都有各自的特点和应用范围，只有它们的协同作用才能创建出优秀的页面布局。

7.1 DIV + CSS 布局页面

本节主要介绍使用 DIV + CSS 进行网页布局，以实现网站的结构、显示和行为三者分离，进一步帮助读者体会页面内容和样式定义分开的优势。通过由浅入深的两个应用实例，讲述 CSS 布局的相关知识，重点分析浮动定位、绝对定位和相对定位的精妙应用。

7.1.1 基础知识

1. CSS 布局模型

CSS 包含了三种基本的布局模型，分别为流动模型(flow model)、层模型(layer model)和浮动模型(float model)。

流动模型也称为文档流，是默认的显示类型，随着文档自上而下，根据元素排列的先后顺序来决定分布位置。

层模型是以绝对定位和相对定位的方式，相对于该元素原来的位置，或相对于最近的包含块元素，或浏览器窗口的位置进行精确定位。

浮动模型与流动模型有一定的相似之处。页面布局时，在一行要显示多个元素，则利用浮动模型的"float"属性实现控制，其中"float"属性的值为"left"和"right"，可以使元素向左或向右浮动。如果元素设置为向左浮动后，该元素右侧将清空出一块区域让接下来的文档流出现在其右侧。

【例 7-1】 关于布局模型的设置。

(1) 元素 A、B、C 均为不浮动，故采用默认的流动模型，文档自上而下放置，如图 7-6 所示。

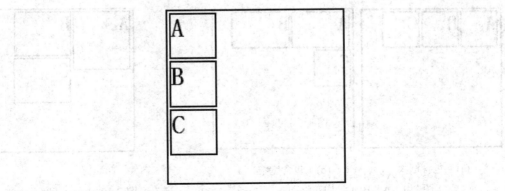

图 7-6 默认的流动模型

(2) 将元素 A 的"float"属性的值设为"right"时，它脱离流动模型并且向右移动，直到它的右边缘碰到包含框的右边缘，如图 7-7 所示。

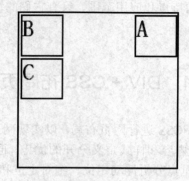

图 7-7　A 元素右浮动

（3）将元素 A 的"float"属性的值设为"left"时，B 元素紧贴其右侧显示，因流动模型之故 C 元素显示在第二行，如图 7-8 所示。

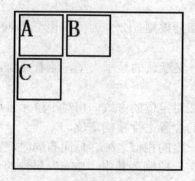

图 7-8　A 元素左浮动

（4）将元素 A、B、C 的"float"属性的值均设为"left"时，包含框足够大，则三个元素可以同排显示，如图 7-9(a)所示；如果包含框太窄，无法容纳水平排列的三个浮动元素，则元素 C 可能在第二行显示，如图 7-9(b)所示。如果浮动元素的高度不同，那么当它们向下移动时可能被其他浮动元素"卡住"，如图 7-10 所示。

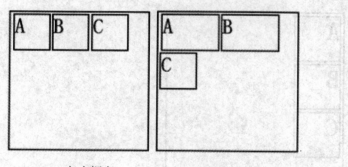

（a）　包含框大　　　　（b）　包含宽窄

图 7-9　A、B 元素均左浮动

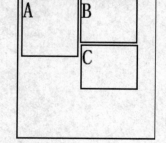

图 7-10　元素高度不一致

（5）浮动的清除。如果将元素 A 和 B 的"float"属性的值均设为"left"，且 A、B、C 元素宽度之和小于包含框的宽度，那么三个元素将显示为一行，此时，如果元素 C 想在第二行显示，只需要将元素 C 的 "clear" 属性设置为 "left"，就可以清除左侧浮动，如图 7-11 所示。

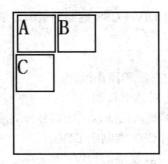

图 7-11 清除浮动

2．盒模型

盒模型就是指 CSS 定义的所有元素都可以像矩形盒子一样具有一定的平面空间，包含边界、填充、边框、背景、内容区域等。由此使页面布局摆脱了表格的局限，无论是段落、列表、标题、图片，还是 div 和 span 等元素，都可以设置相应的属性实现布局。每个元素都包括四个区域：内容区、填充区(padding)、边框区(border)、边界区(margin)。在此定义一个盒模型，各区域如图 7-12 所示。

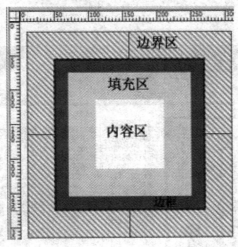

图 7-12 盒模型

例如：

```
#box {
    margin:40px;          <! -- 边界，也称为外边距或外框 -->
    Padding: 40px;        <! -- 填充，也称为补白、内边框或内框 -->
    Border: 20px solid red; <! -- 边框的宽度、线型和颜色 -->
    height:100px; width:100px;   <! -- 内容区域即元素的高度和宽度 -->
}
```

如果只调节边界、填充和边框区域的大小，则仅改变元素框的总尺寸，不影响内容区域。

7.1.2　DIV + CSS 布局页面实例(一)

【例 7-2】　制作一个简单的 DIV + CSS 的布局页面，了解 DIV 布局的特点，如图 7-13 所示。

涉及知识点：

(1) 掌握 DIV + CSS 布局的方法和操作流程。

(2) 熟悉"插入 DIV 标签"对话框设置：

"插入"位置的选择非常重要，在插入层的时候一定要明确；

"类"选项用于将已经有的 CSS 类制定 DIV；

"ID"选项给 DIV 层命名，以便层的控制；

"新建 CSS 规则"按钮可以在插入层的同时完成层的设置。

(3) 熟悉应用"CSS 样式"面板定义和修改 CSS 样式。

有着共同梦想，追求完美个性，将这些——反映在餐饮上的一些好友，于2006年10月，创造出了一个别于一般咖啡店的小天地～～阿伏得咖

它，是希腊的守护神，也是一种精神的象征。一种对餐饮的不妥协，店里有每道餐点都需耗时制作，非泡制，"求精不求量"，"好还要更好"适合不赶时间的您。在这个小天米的空间里，却有大大的用心，在座椅方面，换上了别于一般咖啡厅的订做沙发，相对的牺牲了空间，但，就是希望客人坐的舒适，吃的愉快，享受那边刻的宁静，放松一天紧绷的情绪。

饮品方面，分为意式咖啡、花草(果)茶系列，健康蔬果汁、特调系列、养生及冰沙系列。意式咖啡别于一般商业咖啡，重视咖啡粉的粹取时间，更讲究咖啡滤器跟把手间分离，就怕滤器温度太高伤了咖啡原有精华的风味。这里的咖啡不仅实在，且杯杯呈现给您不一样的视觉感受。

在餐点上，则是提供了口袋堡轻食，也就是俗称的热三明治，别看它小小一片，肉馅可都是精心搭配，有炸的，有炒的，配上套餐付送的水果沙拉，酸酸甜甜的滋味，让爱美又怕胖的女性朋友爱不释手。

阿尔罗得秉承对餐饮的热爱

不断求新，不断进步

只为追求更极致的味道

我们不是最好

但我们绝对用心

诚挚的欢迎您亲临指导

北京市海淀区中关村一街125号 TEL: 010-82780078 FAX: 010-82780078-123
Copyright into joy coffee and tea.All rights reserved.

图 7-13　网页范例 1

通过观察图 7-13 所示的网页，采用 DIV 层的方式分块设计各个部分。从网页的效果图可以看到层的嵌套结构，如图 7-14 所示。整个页面的最外层命名为 container，用于控制页面的位置，例如整个页面的居中效果。

图 7-14　层的嵌套结构

通常在 container 层中的第一层命名为 top 层，主要放置网站 logo 和 menu，本例题中，logo 和 menu 放在一个 Flash 文件中；紧接着是 banner 层，主要放置网页广告、热点信息等；网页主题内容为 main 层，本例题中采用两列方式呈现页面内容，即在 main 层中添加 left 层和 right 层；最后是 footer 层。

步骤一：创建 HTML 文件和 CSS 文件并设置关联。

(1) 新建空白文档，命名为 7-2.html。

(2) 执行"文件"|"新建"命令，在"页面类型"列表框中选择"CSS"选项，将文件保存为"style.css"，如图 7-15 所示。

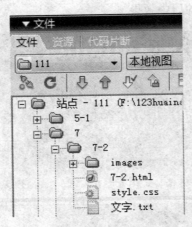

图 7-15　文件面板 1

(3) 将界面转换到"7-2.html"的编辑界面，执行"窗口"|"CSS 样式"命令，打开 CSS 面板，单击"附加样式表"按钮(如图 7-16)，在弹出的"链接外部样式表"对话框中文件选择 style.css，"添加为"选择"链接"，单击"确定"按钮后，完成 HTML 文件和 CSS 文件的链接。

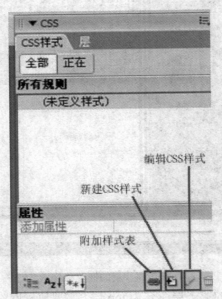

图 7-16　CSS 面板 1

关联成功后，在网页代码中将自动添加一条新代码，如下：

```
<head>
<meta http-equiv = "Content-Type" content = "text/html; charset = gb2312" />
<title>DIV+CSS 练习一</title>
<link href = "style.css" rel = "stylesheet" type = "text/css" />
```

```
</head>
```

步骤二：设置页面通用属性和文字属性。

(1) 设置页面的通用属性"*"。

单击"CSS 面板"中的"新建 CSS 样式"按钮(如图 7-16 所示)，在弹出的"新建 CSS 规则"对话框中，"选择器类型"选择"标签"，"选择器名称"输入"*"，单击"确定"按钮后进入"CSS 规则定义"对话框，分别在"分类"中选择"方框"和"边框"，并完成如图 7-17、图 7-18 所示的设置。

图 7-17　方框的设置 1

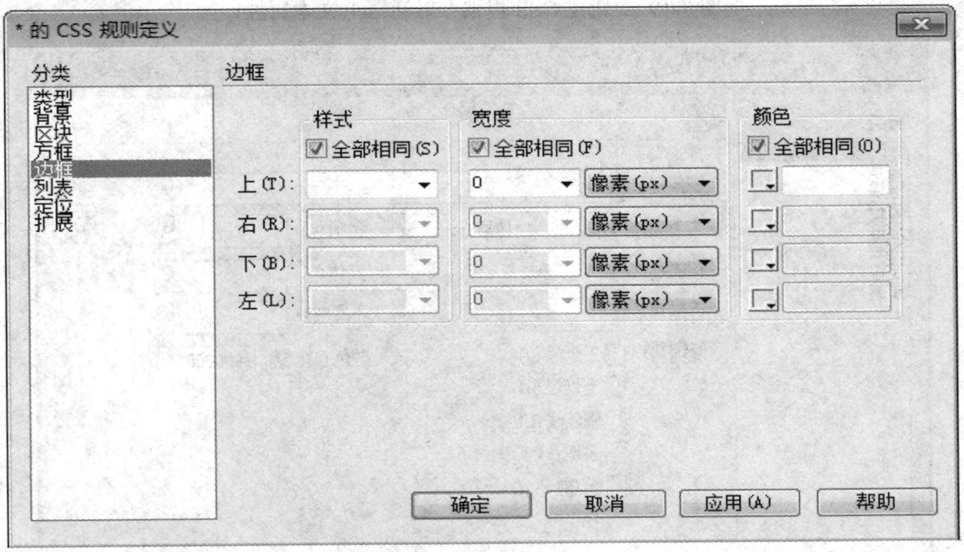

图 7-18　边框的设置 1

设置完成后，style.css 文件中生成的代码如下：

```
* {
    margin: 0px;
```

```
        padding: 0px;
        border-top-width: 0px;
        border-right-width: 0px;
        border-bottom-width: 0px;
        border-left-width: 0px;
    }
```

(2) 设置文本属性和背景。

在网页中呈现的内容都包括在"body"标签中，所以制作页面时可以通过设置"body"标签的文本属性来统一整个页面的文字风格。单击"CSS 面板"中的"新建 CSS 样式"按钮(如图 7-16 所示)，在弹出的"新建 CSS 规则"对话框中，参照图 7-19 进行选择，单击"确定"按钮后，进入"body 的 CSS 规则定义"对话框，参照图 7-20、7-21 分别对"背景"和"类型"进行相应的参数设置。

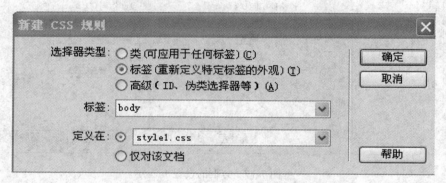

图 7-19 "新建 CSS 规则"对话框 1(文本属性)

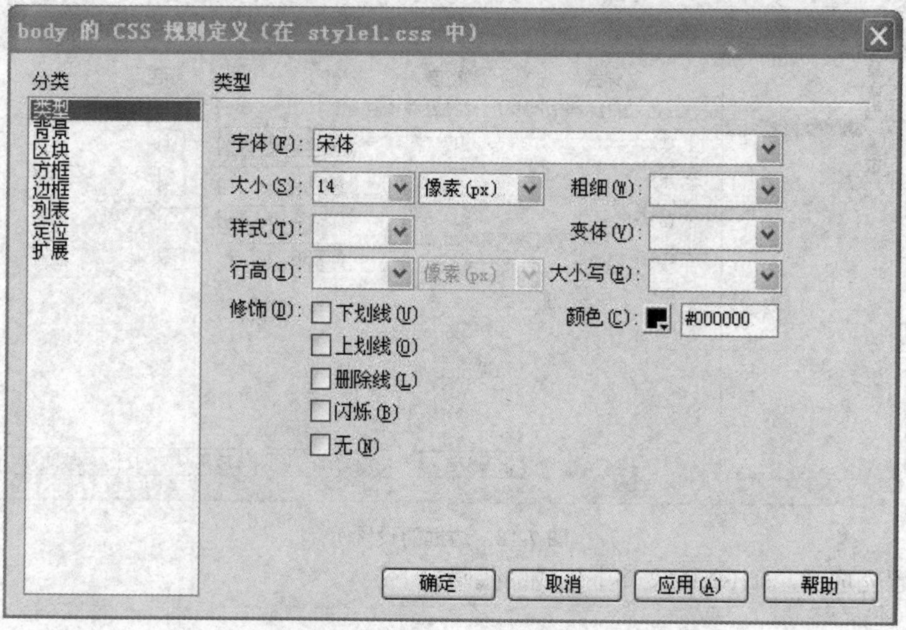

图 7-20 类型设置 1

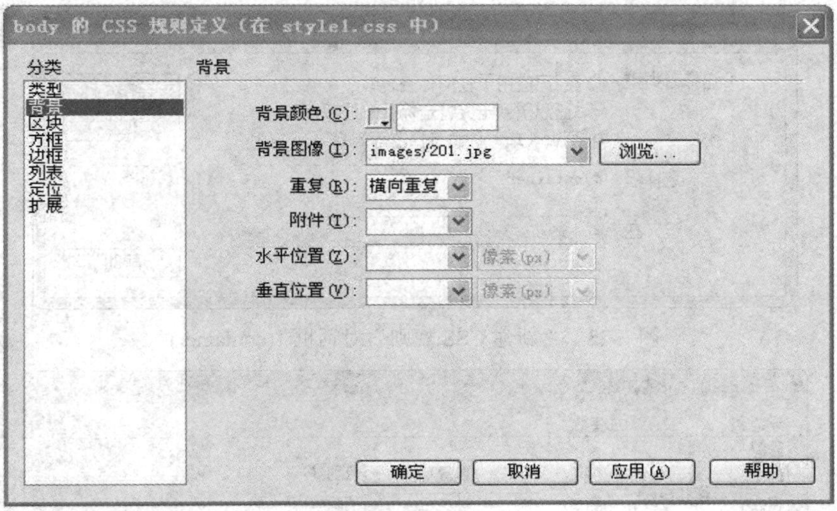

图 7-21 背景设置 1

设置完成后，style.css 文件中生成的代码如下：

```
body
{
    font-family: "宋体";
    font-size: 14px;
    color: #000000;
    background-image: url(images/201.jpg);
    background-repeat: repeat-x;
}
```

步骤三：插入 container 层并设置属性。

(1) 将光标停留在页面 7-2.html 的空白区域，执行"插入"|"布局对象"|"Div 标签"命令，弹出"插入 Div 标签"对话框，设置如图 7-22 所示。

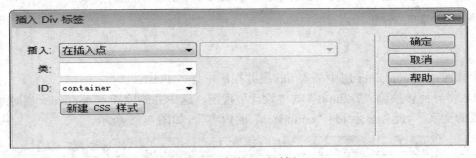

图 7-22 "插入 Div 标签"对话框 1(container)

(2) 单击图 7-22 中的"新建 CSS 样式"按钮进入"新建 CSS 规则"对话框，参照图 7-23 进行设置后，单击"确定"按钮，进入"container 的 CSS 规则定义"对话框，参照图 7-24 对分类下的"方框"进行相应的参数设置，单击"确定"按钮回到"插入 Div 标签"(如图 7-22)对话框，再单击"确定"按钮完成属性的设置。

图 7-23　"新建 CSS 规则"对话框 1(container)

图 7-24　container 层方框设置 1

设置完成后，style.css 文件中生成的代码如下：

```
#container
{
    margin: auto;    /*将 container 层置于页面居中位置的常用设置方法*/
    height: 980px;
    width: 920px;
}
```

步骤四：在 container 层中插入 top 层并在层中插入 Flash。

(1) 将界面转换到"7-2html"的"设计"视图，选中并删除插入 container 层时系统自动生成的文字 "此处显示 id "container"的内容"，如图 7-25 所示。

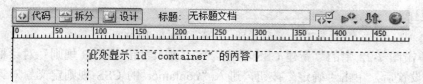

图 7-25　选取并删除文字 1

(2) 执行"插入"|"布局对象"|"Div 标签"命令，弹出对话框"插入 Div 标签"，设

置如图 7-26 所示。

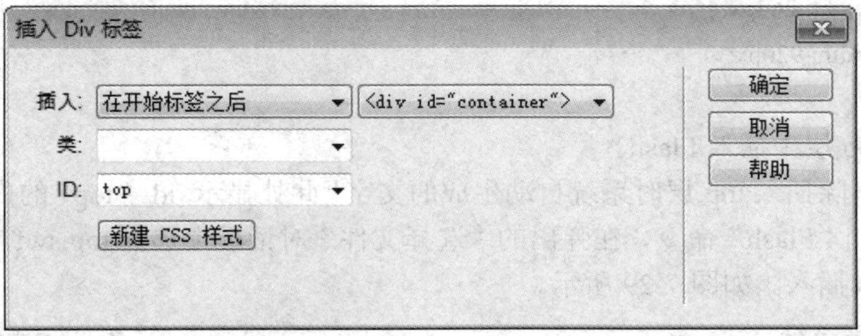

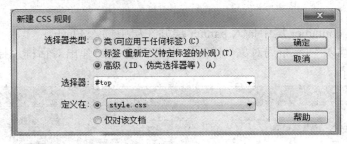

图 7-26　"插入 Div 标签"对话框 1(top)

(3) 单击图 7-26 中的"新建 CSS 样式"按钮进入"新建 CSS 规则"对话框，参照图 7-27 进行设置后，其中，标签的名称为"#top"，单击"确定"按钮，进入"top 的 CSS 规则定义"对话框，参照图 7-28 对 分类下的"方框"进行相应的参数设置，单击"确定"按钮回到"插入 Div 标签"(如图 7-26)对话框，再单击"确定"按钮完成属性的设置。

图 7-27　"新建 CSS 规则"对话框 1(top)

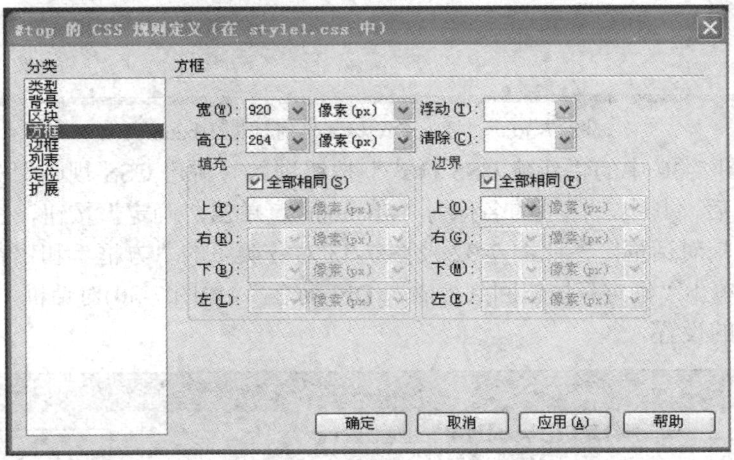

图 7-28　top 层方框的设置 1

设置完成后，style.css 文件中生成的代码如下：

```
#top
{
    background-image: url(images/202.jpg);
```

```
        background-repeat: no-repeat;
        height: 264px;
        width: 920px;
    }
```

(4) 在 top 层中插入 Flash。

选取并删除插入 top 层时系统自动生成的文字"此处显示 id "top"的内容",执行"插入"|"媒体"|"Flash"命令,在弹出的"选择文件"对话框中选择 top.swf,单击两次"确定"按钮完成插入。如图 7-29 所示。

图 7-29　top 层插入 Flash

步骤五：在 container 层中插入 banner 层并在层中插入 Flash。

(1) 执行"插入"|"布局对象"|"Div 标签"命令,弹出对话框"插入 Div 标签",设置如图 7-30 所示。

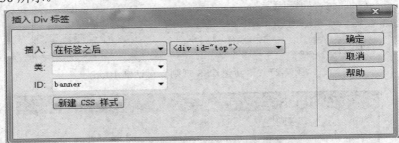

图 7-30　"插入 Div 标签"对话框 1(banner)

(2) 单击图 7-30 中的"新建 CSS 样式"按钮进入"新建 CSS 规则"对话框,参照图 7-31 进行设置后,其中,标签的名称为"#banner",单击"确定"按钮,进入"banner 的 CSS 规则定义"对话框,参照图 7-32 及图 7-33 对分类下的"方框"和"背景"进行相应的参数设置,单击"确定"按钮回到"插入 Div 标签"(如图 7-30)对话框,再单击"确定"按钮完成属性的设置。

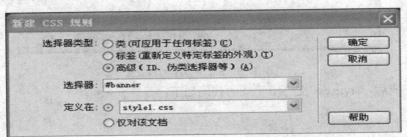

图 7-31　"新建 CSS 规则"对话框(banner)

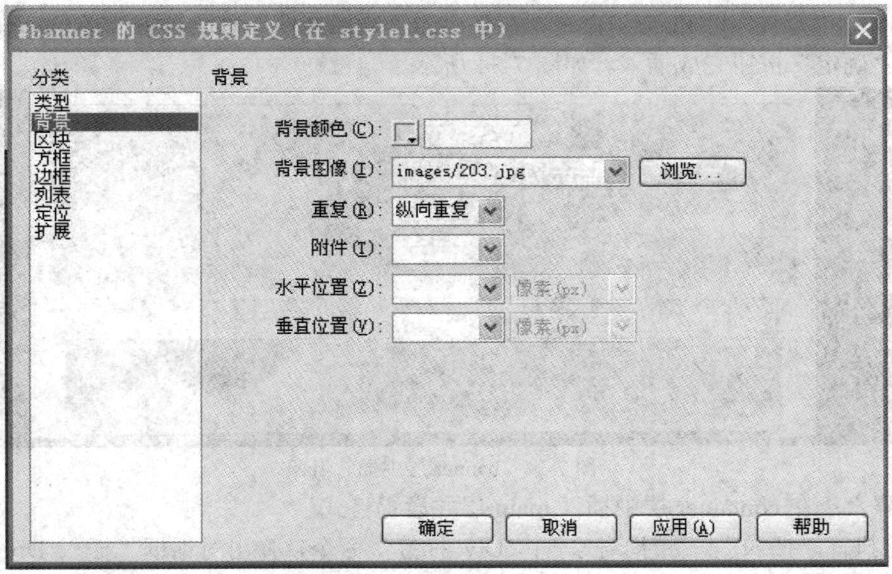

图 7-32 banner 层背景的设置

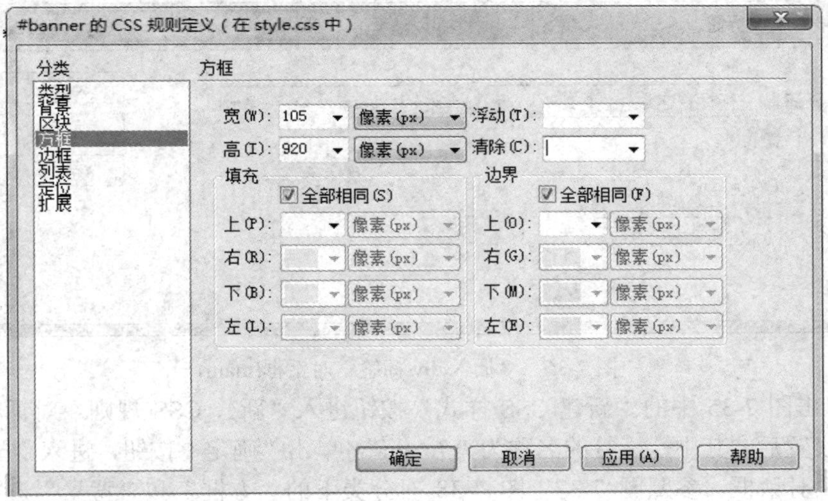

图 7-33 banner 层方框的设置

设置完成后，style.css 文件中生成的代码如下：

```
#banner
{
    background-image: url(images/203.jpg);
    background-repeat: repeat-y;
    height: 105px;
    width: 920px;
}
```

(3) 在 banner 层中插入 Flash 并设置 Flash 格式。

选取并删除插入 banner 层时系统自动生成的文字"此处显示 id "banner" 的内容"，执

行"插入"|"媒体"|"Flash"命令，在弹出的"选择文件"对话框中选择 banner.swf，单击两次"确定"按钮完成插入。如图 7-34 所示。

图 7-34   banner 层中插入 flash

步骤六：在 container 层中插入 main 层并设置格式。

(1) 执行"插入"|"布局对象"|"Div 标签"命令，弹出对话框"插入 Div 标签"，设置如图 7-35 所示。

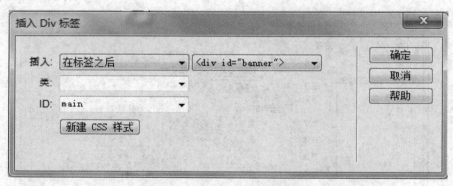

图 7-35   "插入 div 标签"对话框(main)

(2) 单击图 7-35 中的"新建 CSS 样式"按钮进入"新建 CSS 规则"对话框，参照图 7-36 进行设置后，其中，标签的名称为"#main"，单击"确定"按钮，进入"main 的 CSS 规则定义"对话框，参照图 7-37、图 7-38 对分类下的"方框"和"背景"进行相应的参数设置，单击"确定"按钮回到"插入 Div 标签"(如图 7-35)对话框，再单击"确定"按钮完成属性的设置。

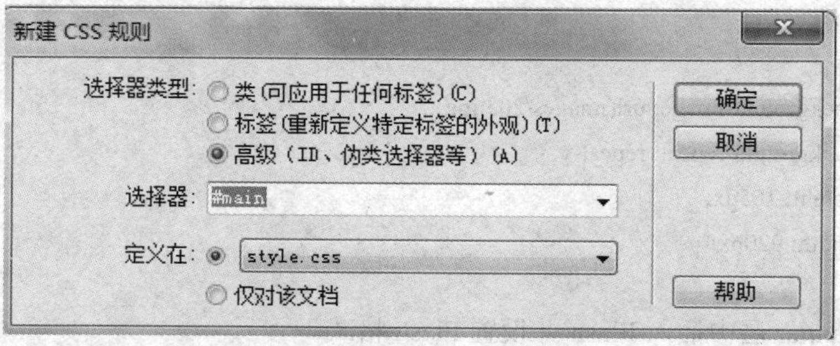

图 7-36   "新建 CSS 规则"对话框(main)

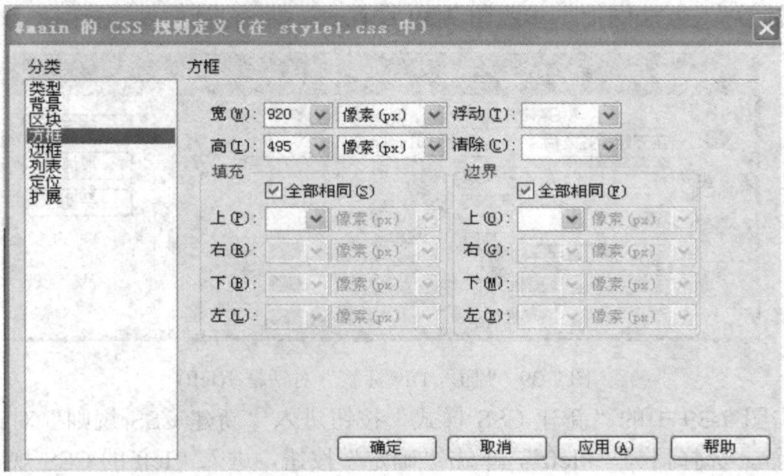

图 7-37 main 层方框的设置

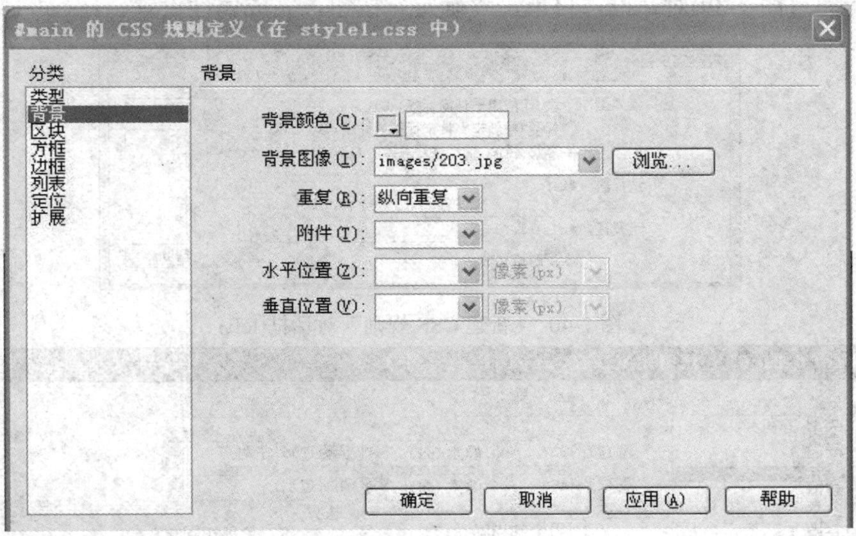

图 7-38 main 层背景的设置

设置完成后，style.css 文件中生成的代码如下：

```
#main
{
    background-image: url(images/203.jpg);
    background-repeat: repeat-y;
    height: 495px;
    width: 920px;
}
```

步骤七：在 main 层中插入 left 层和 right 层，并添加内容。

(1) 选取并删除插入 main 层时系统自动生成的文字"此处显示 id "main" 的内容"，插入 left 层。具体方法为：执行"插入"|"布局对象"|"Div 标签"命令，弹出对话框

"插入 Div 标签",方法同上。参照图 7-39 设置。

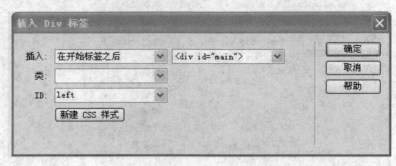

图 7-39 "插入 Div 标签"对话框 1(left)

(2) 单击图 7-39 中的"新建 CSS 样式"按钮进入"新建 CSS 规则"对话框,参照图 7-40 进行设置,选择器为"#left",单击"确定"按钮,进入"left 的 CSS 规则定义"对话框,参照图 7-41 对分类下的"方框"进行相应的参数设置,单击"确定"按钮,回到"插入 Div 标签"(图 7-39)对话框,再单击"确定"按钮,完成属性设置。

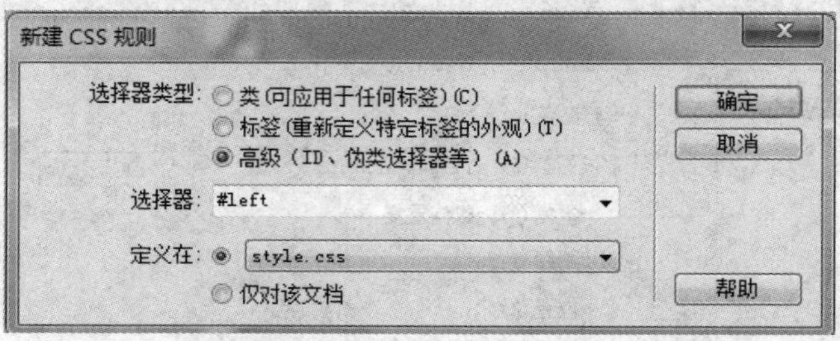

图 7-40 "新建 CSS 规则"对话框(left)

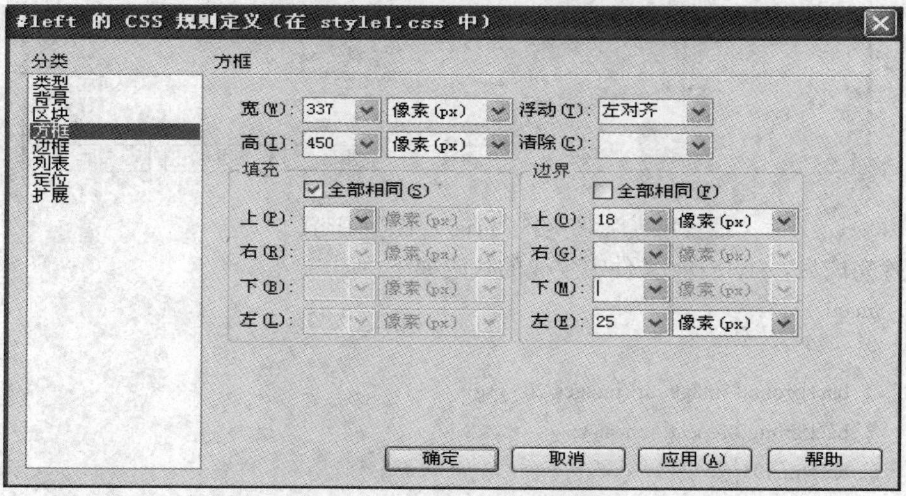

图 7-41 left 层的方框属性设置

设置完成后,style.css 文件中生成的代码如下:

```
#left
{
    float: left;
```

```
        height: 450px;
        width: 337px;
        margin-top: 18px;
        margin-left: 25px;
    }
```

(3) 选取并删除插入 left 层时系统自动生成的文字"此处显示 id "left" 的内容",插入图像"204.jpg"。

(4) 在 main 层中插入 right 层,方法同上。

参照图 7-42、图 7-43、图 7-44、图 7-45 进行设置。

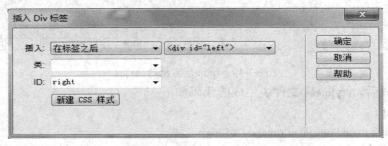

图 7-42 "插入 Div 标签"对话框(right)

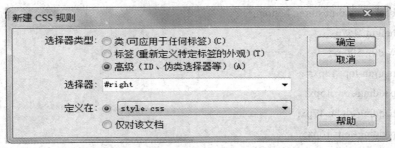

图 7-43 "新建 CSS 规则"对话框(right)

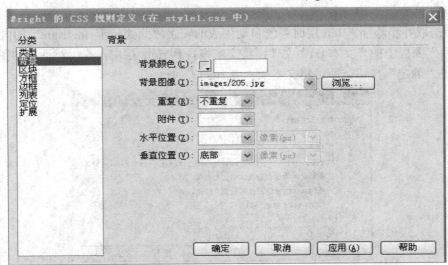

图 7-44 right 层背景的设置

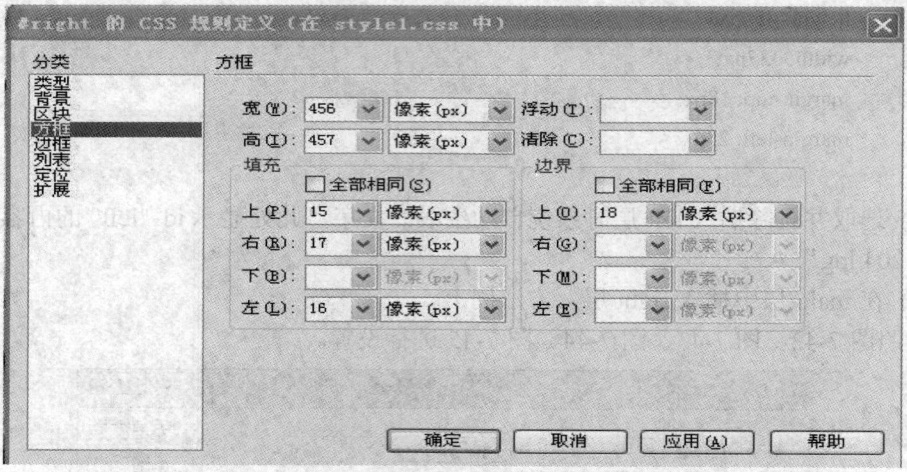

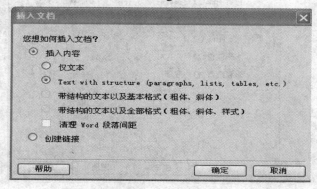

图 7-45　right 层方框的属性 1

设置完成后，style.css 文件中生成的代码如下：

```
#right {
    background-image: url(images/205.jpg);
    background-repeat: no-repeat;
    background-position: bottom;
    height: 457px;
    width: 500px;
    margin-top: 18px;
    padding-top: 15px;
    padding-right: 17px;
    padding-left: 16px;
    float:left;
}
```

（5）选取并删除插入 left 层时系统自动生成的文字"此处显示 id "right" 的内容"，打开"文件"面板中的"文本.txt"文件，将文本拖拉到 right 层中，弹出对话框如图 7-46 所示，单击"确定"按钮，即可将文本插入到 right 层中。

图 7-46　插入文档

(6) 修饰 right 层的文本格式。

单击"CSS 面板"的 ![按钮] 按钮，在弹出的"新建 CSS 规则"对话框中，设置如图 7-47 所示，单击"确定"按钮后，参照图 7-48 设置 font1 的 CSS 规则。

图 7-47 "新建 CSS 规则"对话框(font1)

图 7-48 类 font1 方框的设置

设置完成后，style.css 文件中生成的代码如下：

```
.font1{
    float: right;
    margin-right: 65px;
}
```

(7) 选择文字的最后一行"诚挚地欢迎您亲临指导"，设置类为 font1，效果如图 7-49 所示。

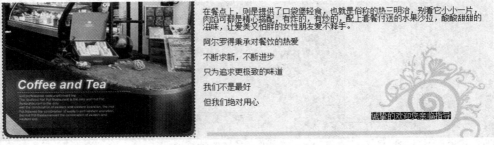

图 7-49 设置文字的类为.font1

步骤八：插入 footer 层并设置层内文本和格式。

(1) 执行"插入"|"布局对象"|"Div 标签"命令，弹出"插入 Div 标签"对话框，设置如图 7-50 所示。

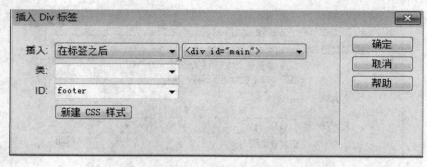

图 7-50   "插入 Div 标签"对话框(footer)

(2) 单击图 7-50 中的"新建 CSS 样式"按钮进入"新建 CSS 规则"对话框，参照图 7-51 进行设置，其中标签的名称为"#footer"，单击"确定"按钮，进入"footer 的 CSS 规则定义"对话框。

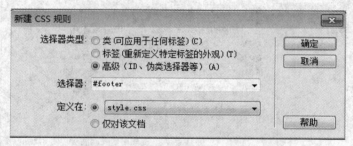

图 7-51   "新建 CSS 规则"对话框(footer)

参照图 7-52、图 7-53、图 7-54 对分类下的"类型"、"背景"和"方框"进行相应的参数设置，单击"确定"按钮回到"插入 Div 标签"按钮(如图 7-50)对话框，再单击"确定"按钮完成属性的设置。

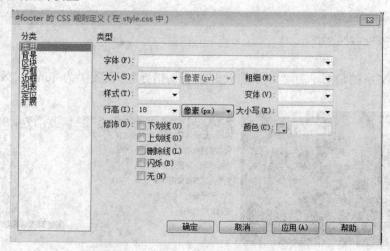

图 7-52   footer 层的类型设置

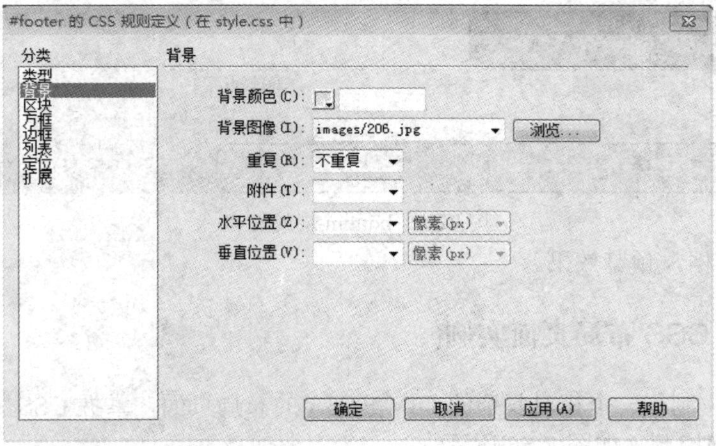

图 7-53　footer 层的背景设置

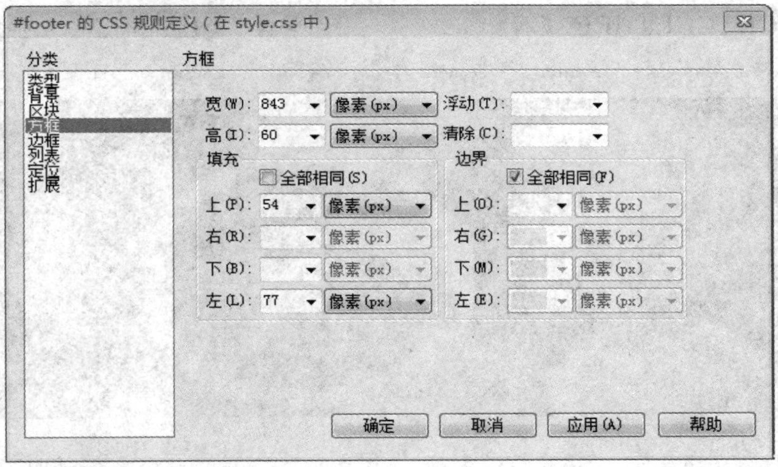

图 7-54　footer 层的方框设置

设置完成后，style.css 文件中生成的代码如下：

```
#footer {
    line-height: 18px;
    background-image: url(images/206.jpg);
    background-repeat: no-repeat;
    height: 60px;
    width: 843px;
    padding-top: 54px;
    padding-left: 77px;
}
```

（3）选取并删除插入 bottom 层时系统自动生成的文字"此处显示 id "bottom" 的内容"，打开"文本.txt"文件，将指定内容"北京市海淀区中关村一街 125 号　TEL：010-82780078 FAX：010-82780078-123　　Copyright into joy coffee and tea.All rights reserved."复制到 bottom 中，效果如图 7-55 所示。

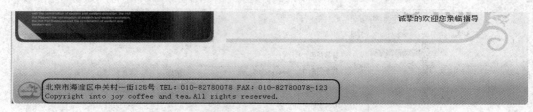

图 7-55　bottom 层的文本

(4) 保存文档，预览效果。

7.1.3　DIV + CSS 布局页面实例(二)

　　【例 7-3】　制作一个相对复杂的 DIV + CSS 的布局页面，掌握 CSS 对页面各个模块在布局上的精确控制。如图 7-56 所示。

图 7-56　网页范例 2

涉及知识点：

(1) 复杂页面的 DIV 结构图分析。

(2) 多重嵌套声明的使用，例如 #menu ul、#menu lia。

(3) 项目列表的 CSS 样式设置。

通过观察图 7-56 所示的网页，可以分析出网页的 DIV 结构，如图 7-57 所示。通过层的结构，可以看到整个页面由 container 层和 footer 层两部分组成，其中 container 层作为网页内容的存放容器，而 footer 层存放网页的页脚信息，为了让 footer 层占据整个页面的宽度，将 footer 层从 container 层中剥离开来。

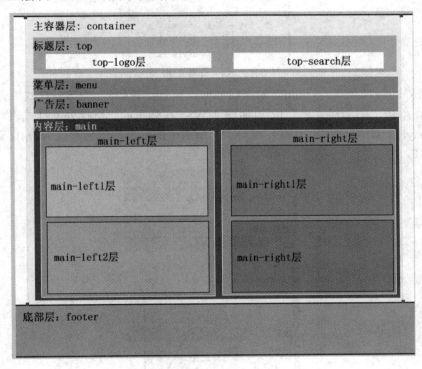

图 7-57　网页的 DIV 结构

在 container 层中，首先是 top 层用来存放网页头部信息，top 层包含 logo 层和 search 层，分别用于放置网站标志和搜索工具。

在 top 层下方为菜单层 menu 层，本节任务中将运用"项目符号"的方式制作菜单。menu 层下方为 banner 层，添加广告内容。接下来是内容层 main 层，在 main 层内采用 left 层和 right 层两列方式呈现内容；根据需要，left 层内又添加了 left1 和 left2 层，在 right 层内又添加了 right1 和 right2 层。

通过分析和构建网页的 DIV 结构，可以轻松控制各个模块的 CSS 属性，调整定位和改变它们的表现形式，彻底实现内容和形式的分离，便于后期的管理与维护。

具体操作如下：

步骤一：创建 HTML 文件和 CSS 文件并设置关联。

(1) 新建空白文档，命名为 7-3.html。

(2) 选择"文件"|"新建"，在"页面类型"列表框中选择"CSS"选项，将文件保存

为"style.css"，如图 7-58 所示。

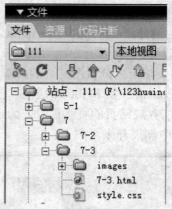

图 7-58　文件面板

(3) 将界面转换到"7-3.html"的编辑界面，执行"窗口"|"CSS 样式"命令，打开 CSS 面板，单击"附加样式表"按钮(如图 7-59)，在弹出的"链接外部样式表"对话框中文件选择 style.css，"添加为"选择"链接"，单击"确定"按钮后完成 HTML 文件和 CSS 文件的链接。

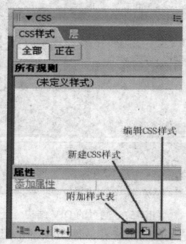

图 7-59　"CSS"面板

关联成功后，在网页代码中将自动添加一条新代码，如下：

<head>

    <meta http-equiv = "Content-Type" content = "text/html; charset = gb2312" />

    <title> DIV+CSS 练习二</title>

    <link href = "style.css" rel = "stylesheet" type = "text/css" />

</head>

步骤二：设置页面通用属性和文字属性。

(1) 设置页面的通用属性"*"。

单击 CSS 面板中的"新建 CSS 样式"按钮(如图 7-59 所示)，在弹出的"新建 CSS 规则"对话框中，"选择器类型"选择"标签"，"选择器名称"输入"*"，单击"确定"按钮后进入"CSS 规则定义"对话框,分别在"分类"中选择"方框"和"边框",并完成如图 7-60、图 7-61 所示的设置。

图 7-60 方框的设置

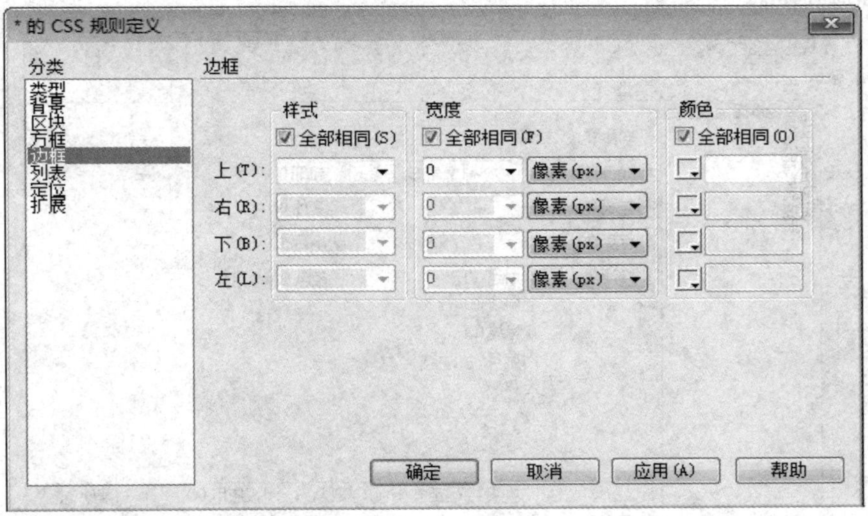

图 7-61 边框的设置

设置完成后,style.css 文件中生成的代码如下:

```
* {
    margin: 0px;
    padding: 0px;
    border-top-width: 0px;
    border-right-width: 0px;
    border-bottom-width: 0px;
    border-left-width: 0px;
}
```

(2) 设置文本属性和背景。

在网页中呈现的内容都包括在"body"标签中，所以制作页面时可以通过设置"body"标签的文本属性来统一整个页面的文字风格。单击"CSS 面板"中的"新建 CSS 样式"按钮(如图 7-59 所示)，在弹出的"新建 CSS 规则"对话框中，参照图 7-62 进行选择。

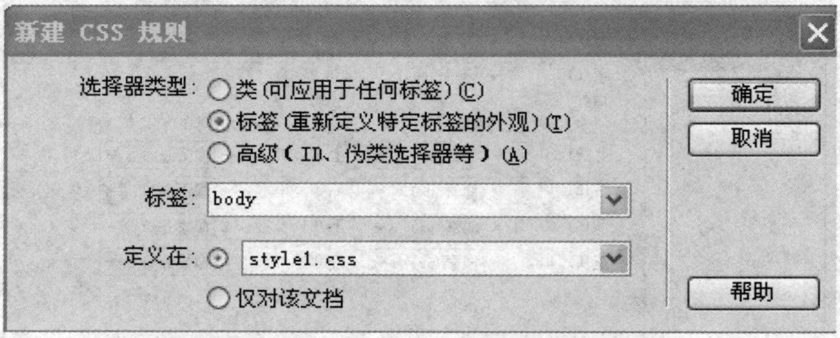

图 7-62　"新建 CSS 规则"对话框 (文本属性)

单击"确定"按钮后，进入"body 的 CSS 规则定义"对话框，参照图 7-63 对分类下"类型"进行相应的参数设置，然后将分类下的"背景"中的背景色(background-color)设置为灰色(#f4f4f4)。

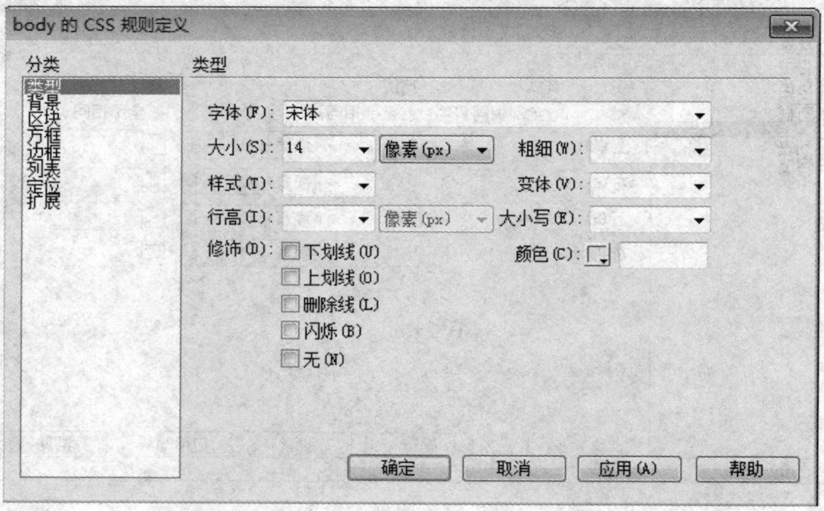

图 7-63　类型设置 2

设置完成后，style.css 文件中生成的代码如下：

```
body
{
    font-family: "宋体";
    font-size: 14px;
    background-color: #f4f4f4;
}
```

步骤三：插入 container 层并设置属性。

(1) 将光标停留在页面 7-3.html 的空白区域，执行"插入"|"布局对象"|"Div 标签"命令，弹出"插入 Div 标签"对话框，设置如图 7-64 所示。

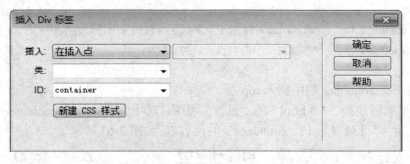

图 7-64 "插入 Div 标签"对话框(container)

(2) 单击图 7-64 中的"新建 CSS 样式"按钮进入"新建 CSS 规则"对话框，参照图 7-65 进行设置后，单击"确定"按钮，进入"#container 的 CSS 规则定义"对话框，参照图 7-66 对分类下的"方框"进行相应的参数设置，单击"确定"按钮回到"插入 Div 标签"(如图 7-64)对话框，再单击"确定"按钮完成属性的设置。

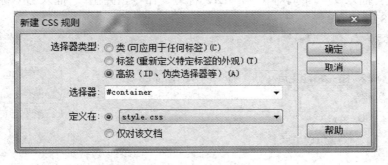

图 7-65 "新建 CSS 规则"对话框(container)

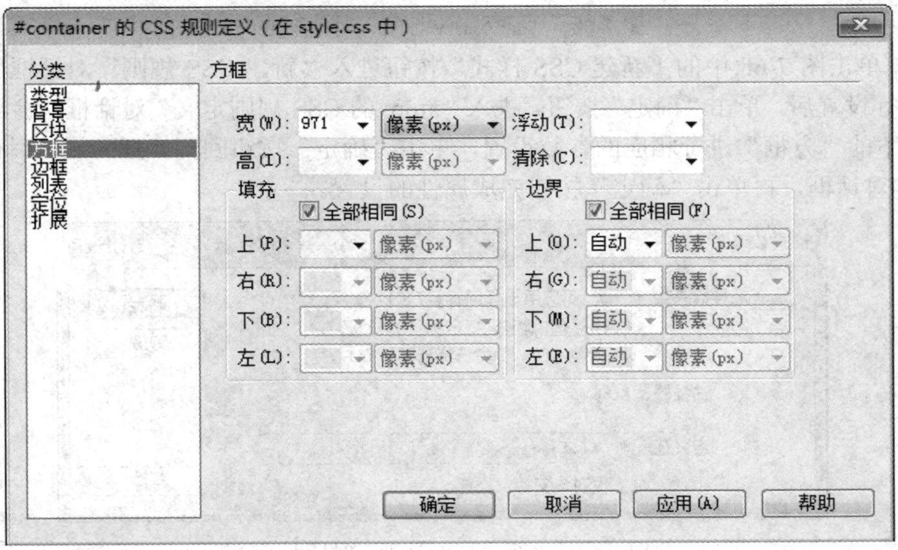

图 7-66 方框设置(caontainer)

设置完成后，style.css 文件中生成的代码如下：

```
#container
{
    margin: auto;      /*将 container 层置于页面居中位置的常用设置方法*/
    width: 971px;      /*根据要展示内容设置层的宽度*/
}
```

步骤四：在 container 层中插入 top 层。

(1) 将界面转换到 "7-3.html" 的 "设计" 视图，选中并删除插入 container 层时系统自动生成的文字 "此处显示 id 'container' 的内容"，如图 7-67 所示。

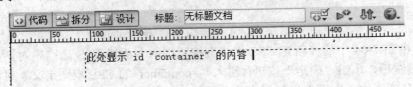

图 7-67　选取并删除文字

(2) 执行 "插入" | "布局对象" | "Div 标签" 命令，弹出 "插入 Div 标签" 对话框，设置如图 7-68 所示。

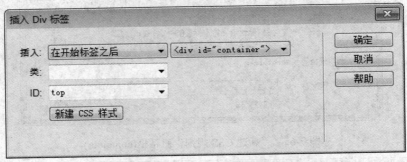

图 7-68　"插入 Div 标签" 对话框(top)

(3) 单击图 7-68 中的 "新建 CSS 样式" 按钮进入 "新建 CSS 规则" 对话框，参照图 7-69 进行设置后，单击 "确定" 按钮，进入 "#top 的 CSS 规则定义" 对话框，参照图 7-70 对分类下的 "方框" 进行相应的参数设置，单击 "确定" 按钮回到 "插入 Div 标签"(如图 7-68)对话框，再单击 "确定" 按钮完成属性的设置。

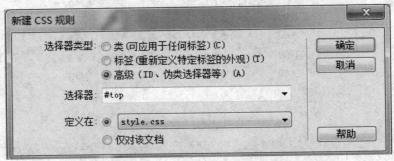

图 7-69　"新建 CSS 规则" 对话框(top)

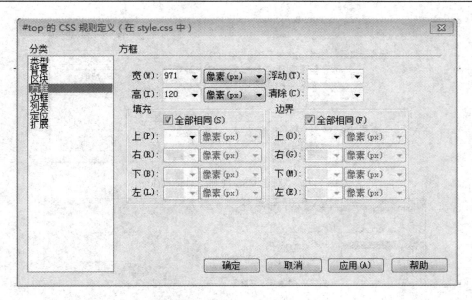

图 7-70 top 层方框的设置

设置完成后，style.css 文件中生成的代码如下：

```
#top
{
    height: 120px;
    width: 971px;
}
```

步骤五：在 top 层中插入 logo 层并设置属性。

(1) 执行"插入"|"布局对象"|"Div 标签"命令，弹出对话框"插入 Div 标签"，设置如图 7-71 所示。

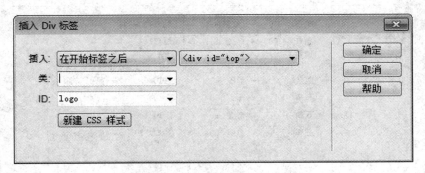

图 7-71 "插入 Div 标签"对话框(logo)

(2) 单击图 7-71 中的"新建 CSS 样式"按钮进入"新建 CSS 规则"对话框，参照图 7-72 进行设置后，单击"确定"按钮，进入"logo 的 CSS 规则定义"对话框，参照图 7-73、图 7-74 对分类下的"背景"和"方框"进行相应的参数设置，单击"确定"按钮回到"插入 Div 标签"(如图 7-71)对话框，再单击"确定"按钮完成属性的设置。

图 7-72 "新建 CSS 规则"对话框(logo)

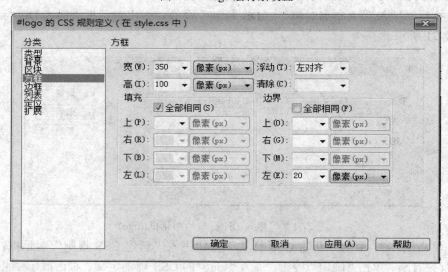

图 7-73 logo 层背景设置

图 7-74 logo 层方框设置

设置完成后，style.css 文件中生成的代码如下：

```
#logo {
```

```
    background-image: url(images/logo.jpg);
    background-repeat: no-repeat;
    background-position: left bottom;
    float: left;
    height: 100px;
    width: 350px;
    margin-left: 20px;
}
```

步骤六：在 logo 层插入文本并设置格式。

(1) 选取并删除插入 logo 层时系统自动生成的文字"此处显示 id "logo" 的内容"，打开"文件"面板中的"文本.txt"文件，如图 7-75 所示。复制"agriculture.cn"到 logo 层中，如图 7-76 所示。

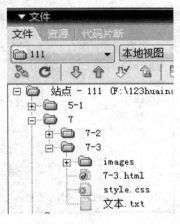

图 7-75　文件面板

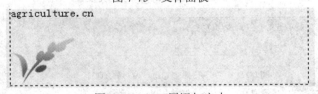

图 7-76　logo 层添加文本

(2) 单击"CSS 面板"的 按钮，在弹出的"新建 CSS 规则"对话框中，设置如图 7-77 所示，单击"确定"按钮后，参照图 7-78、图 7-79、图 7-80 分别对分类下的"类型""区块""方框"设置 fontlogo 的 CSS 规则。

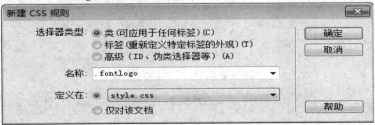

图 7-77　"新建 CSS 规则"对话框(fontlogo)

图 7-78　类 .fontlogo 的类型设置

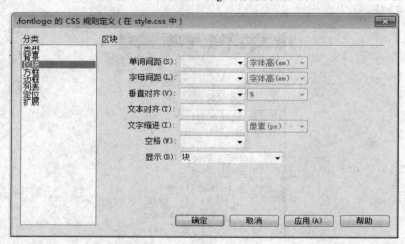

图 7-79　类.fontlogo 的区块设置

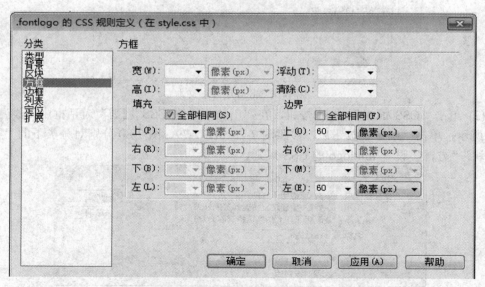

图 7-80　类.fontlogo 的方框设置

设置完成后，style.css 文件中生成的代码如下：

```
.fontlogo {
    font-size: 38px;
    font-weight: bold;
    text-transform: uppercase;    /*设置文本大写 */
    color: #313131;
    display: block;
    margin-top: 60px;
    margin-left: 60px;
}
```

(3) 选取 logo 层中的文字"agriculture.cn"，在"属性"面板中设置"格式"为段落，通过将文本设置为"段落"的方式，将文本设置为块状元素，从而便于 CSS 定位。然后设置文本的样式为"fontlogo"，设置代码为：

```
<div id = "logo">
        <p class = "fontlogo">AGRICULTURE.CN</p>
    </div>
```

注意：先将文本设置为段落，然后选取样式，否则，字体样式会被应用在 logo 层上。

步骤七：在 logo 层插入 search 层并插入图片、设置格式。

(1) 在 logo 层中插入 search 层，方法同上，参照图 7-81、图 7-82、图 7-83 进行设置，详细介绍省略。

(2) 选取并删除插入 search 层时系统自动生成的文字"此处显示 id "search" 的内容"，插入图像 search.gif。

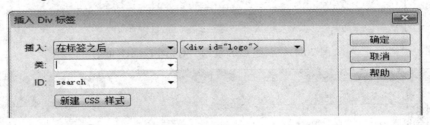

图 7-81 "插入 Div 标签"对话框(search)

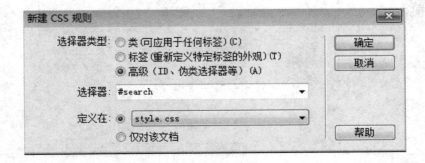

图 7-82 "新建 CSS 规则"对话框(search)

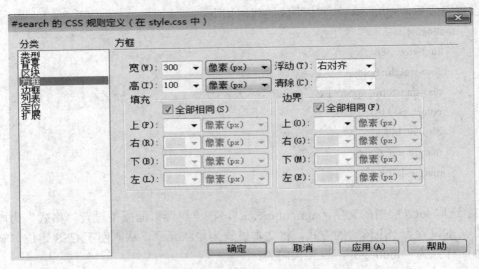

图 7-83　search 层的方框属性

(3) 添加嵌套声明 #search img，将图像定位。

参照图 7-84、图 7-85 进行设置，详细介绍省略。

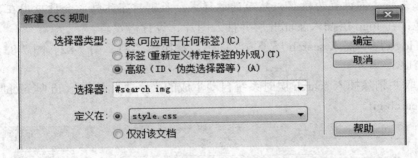

图 7-84　"新建 CSS 规则"对话框(search img)

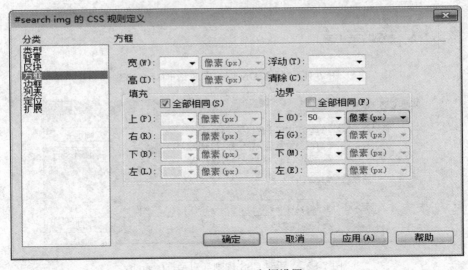

图 7-85　search 方框设置

设置成功后，style.css 文件中生成的代码如下：

```
#search {
    float: right;
    height: 100px;
    width: 300px;
}
#search img {
    margin-top: 50px;
}
```

(4) 效果如图 7-86 所示。

图 7-86　top 层的效果

步骤八：在 top 层后插入 menu 层并设置格式。

插入 menu 层，方法同上。参照图 7-87、图 7-88、图 7-89 进行设置，详细介绍省略。

设置成功后，style.css 文件中生成的代码如下：

```
#menu {
    height: 43px;
    margin-bottom: 10px;
    margin-left: 2px;
}
```

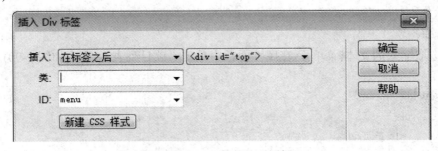

图 7-87　"插入 Div 标签"对话框(menu)

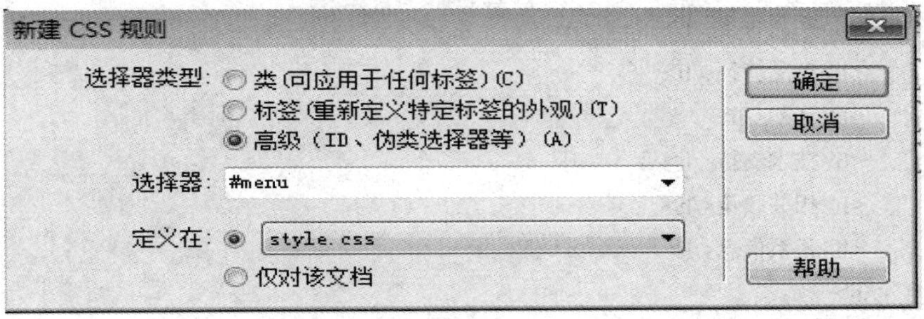

图 7-88　"新建 CSS 规则"对话框(menu)

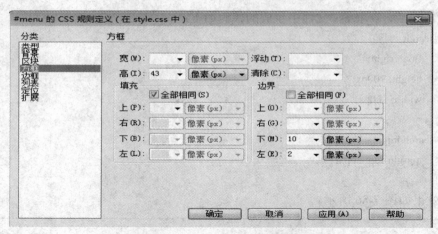

图 7-89　menu 层的方框设置

步骤九：在 menu 层输入文本并设置菜单样式。

(1) 选取并删除插入 menu 层时系统自动生成的文字"此处显示 id "menu" 的内容"，按顺序输入菜单内容，每一行结束都按下回车键换行，对应的代码如下：

```
<div id = "menu">
    <p>首页</p>
    <p> 服务</p>
    <p>产品种类</p>
    <p>产品特征</p>
    <p>订购</p>
    <p>技术支持</p>
    <p>相关政策</p>
<p>联系信息</p>
</div>
```

(2) 选取输入的文本(菜单)，在属性面板中单击"项目列表"选项(如图 7-90)，设置后代码如下：

```
<div id = "menu">
    <ul>
    <li>首页</li>
    <li> 服务</li>
    <li>产品种类</li>
    <li>产品特征</li>
    <li>订购</li>
    <li>技术支持</li>
    <li>相关政策</li>
    <li>联系信息</li>
    </ul>
</div>
```

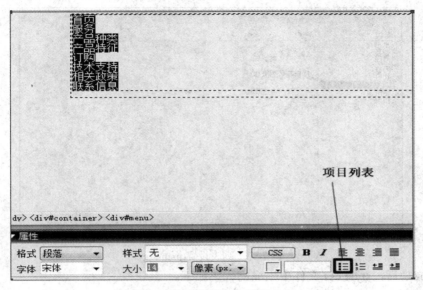

图 7-90 文本设置成项目列表

(3) 添加嵌套声明#menu ul，实现对菜单内的项目列表格式的设置。
参照图 7-91、图 7-92、图 7-93 进行设置，详细介绍省略。

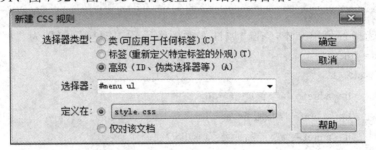

图 7-91 "新建 CSS 规则"对话框(menu ul)

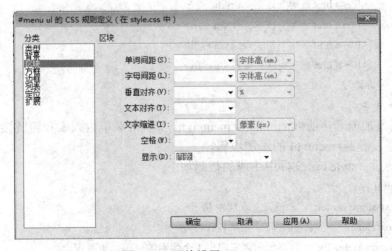

图 7-92 区块设置 (menu ul)

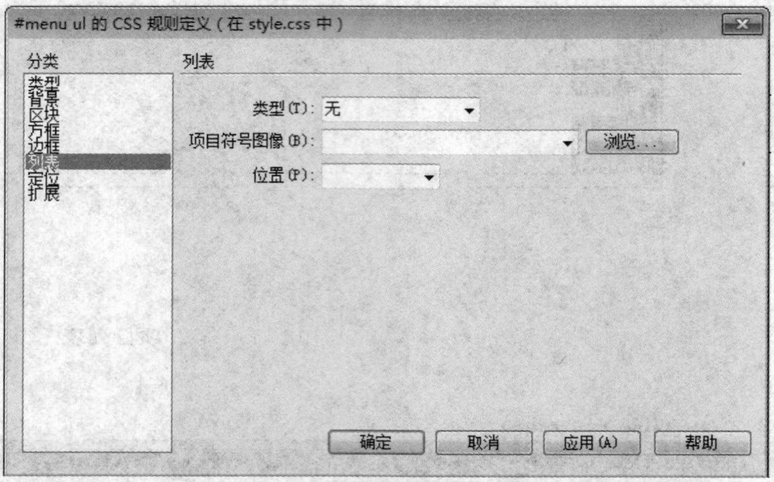

图 7-93　列表设置(menu ul)

设置成功后，style.css 文件中生成的代码如下：

```
#menu ul {
    display: inline;           /*设置为行内显示*/
    list-style-type: none;    /*清除项目符号前面的点 */
}
```

(4) 分别选择各菜单文本，在"属性"面板中设置"链接"属性为"#"，代码如下：

```
<div id = "menu">
    <ul>
        <li><a href = "#">首页</a></li>
        <li> <a href = "#">服务</a></li>
        <li><a href = "#">产品种类</a></li>
        <li><a href = "#">产品特征</a></li>
        <li><a href = "#">订购</a></li>
        <li><a href = "#">技术支持</a></li>
        <li><a href = "#">相关政策</a></li>
        <li><a href = "#">联系信息</a></li>
    </ul>
</div>
```

(5) 分别添加嵌套声明#menu li 和#menu li a，实现对菜单内列表和超链接格式的设置。详细方法省略，参照#menu ul 的添加步骤。

设置成功后，style.css 文件中生成的代码如下：

```
#menu li {
    text-align: center;      /*设置文本居中显示*/
    float: left;              /*使每个菜单项作浮动 */
    margin-right: 1px;       /*菜单项之间留出 1 个像素的空隙，更美观 */
}
```

```
#menu li a {
    line-height: 43px;              /*设置超链接行高*/
    color: #000;                    /*超链接的颜色*/
    text-decoration: none;          /*清除超链接默认的下划线*/
    background-color: #e0e0e0;      /*设置背景色*/
    display: block;                 /*设置超链接为块状显示*/
    width: 120px;
}
```

(6) 保存并预览效果，如图 7-94 所示。

图 7-94　menu 层设置效果

步骤十：在 menu 层后插入 banner 层，并插入广告图片。

参照图 7-95 图、7-96 图进行设置，详细介绍省略。插入 banner 层后，选取并删除 banner 插入层时系统自动生成的文字"此处显示 id "banner" 的内容"，插入图像 search.png。预览效果如图 7-97 所示。

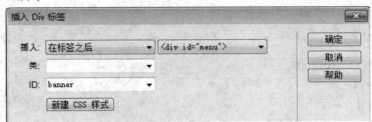

图 7-95　"插入 Div 标签"对话框 2(banner)

图 7-96　方框设置(banner)

图 7-97　banner 层的广告图片

步骤十一：在 banner 层后插入 main 层。

执行"插入"|"布局对象"|"Div 标签"命令，弹出对话框"插入 Div 标签"，设置如图 7-98 所示，单击"确定"按钮。

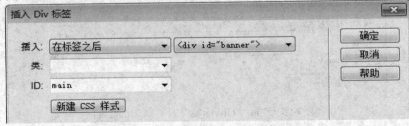

图 7-98　"插入 Div 标签"对话框(main)

此处不设置 main 层的属性，它会随着添加内容的大小而发生改变。

步骤十二：在 main 层中插入 left 层、right 层并设置格式。

选取并删除插入 main 层时系统自动生成的文字"此处显示 id "main" 的内容"，插入 left 层并参照图 7-99、图 7-100 设置格式，插入 right 层并参照图 7-101、图 7-102 设置格式。详细介绍省略。

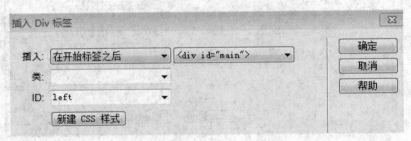

图 7-99　"插入 Div 标签"对话框 2(left)

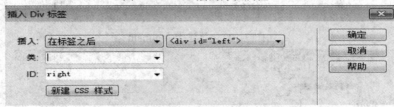

图 7-100 left 层的方框属性 2

图 7-101 "插入 Div 标签"对话框 2(right)

图 7-102 right 层的方框属性 2

设置成功后，style.css 文件中生成的代码如下：

```
#left {
    float: left;
    width: 592px;
}
#right {
    float: right;
    width: 330px;
    margin-bottom: 50px;
}
```

步骤十三：在 left 层和 right 层输入标题并设置格式。

(1) 选取并删除插入 left 层时系统自动生成的文字"此处显示 id "left" 的内容"，输入标题文字"最新农产品交易资讯"；选取并删除插入 right 层时系统自动生成的文字"此处显示 id "right" 的内容"，输入标题文字"信息栏"。

(2) 新建 CSS 规则.fontmain，实现对标题文字格式的设置。

参照图 7-103、图 7-104、图 7-105、图 7-106 设置，详细介绍省略。

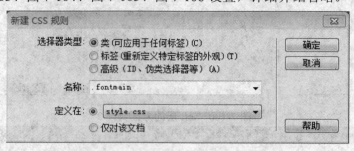

图 7-103　新建类.fontmain

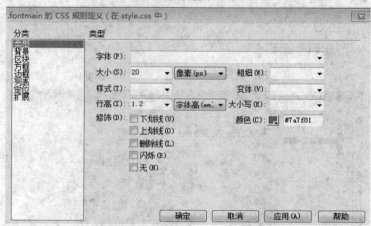

图 7-104　类型设置(.fontmain)

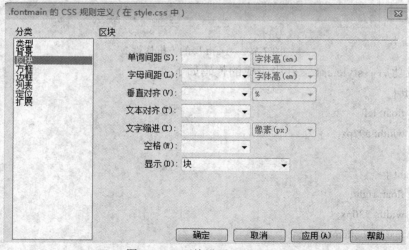

图 7-105　区块设置(.fontmain)

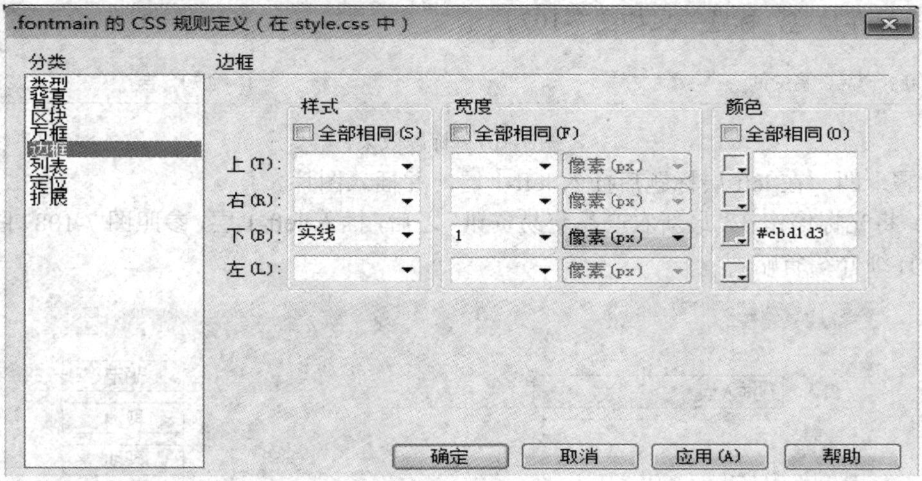

图 7-106 边框设置(.fontmain)

设置完成后，style.css 文件中生成的代码如下：

```
.fontmain {
    font-size: 20px;
    line-height: 1.2em;
    color: #7a7f81;
    display: block;
    margin-bottom: 32px;
    padding-top: 8px;
    padding-bottom: 8px;
    border-bottom-width: 1px;
    border-bottom-style: solid;
    border-bottom-color: #cbd1d3;
}
```

(3) 选取标题文字，在"属性"面板上选取"格式"选项为"段落"，然后选择"样式"为 fontmain，对应的代码为：

```
<div id = "main">
    <div id = "left" >
        <p class = "fontmain">最新农产品交易资讯</p>
    </div>
    <div id = "right" class = "fontmain">
        <p class = "fontmain">通知公告</p>
    </div>
</div>
```

注意：切勿把属性 class = "fontmain" 添加在 div 上，这样会影响后面添加的内容的位置及整体效果。

(4) 保存预览，标题效果如图 7-107 所示。

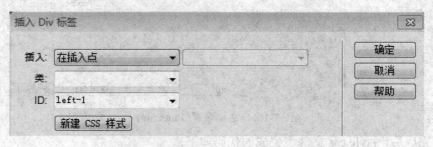

图 7-107　标题效果

步骤十四：在 left 层标题后插入 left-1 层，并插入图片。

(1) 将光标停留在"最新农产品交易资讯"之后，插入 left-1 层，参照图 7-108、图 7-109 设置，详细介绍省略。

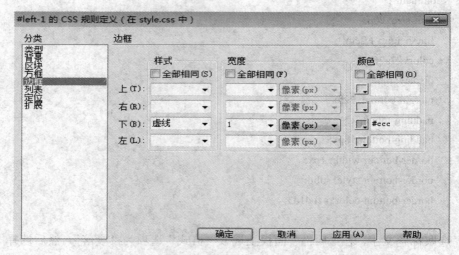

图 7-108　"插入 Div 标签"对话框(left-1)

图 7-109　边框属性(left-1)

设置完成后，style.css 文件中生成的代码如下：

```
#left-1 {
    border-bottom-width: 1px;
    border-bottom-style: dashed;
    border-bottom-color: #ccc;
}
```

(2) 选取并删除插入 left-1 层时系统自动生成的文字"此处显示 id "left-1" 的内容"，插入图像 left01.jpg。

步骤十五：在 left-1 层后插入 left-2 层，并插入图片。

(1) 插入 left-2 层，参照图 7-110、图 7-111 设置，详细介绍省略。

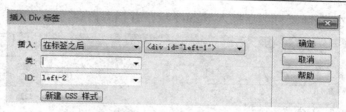

图 7-110 "插入 Div 标签"对话框(left-2)

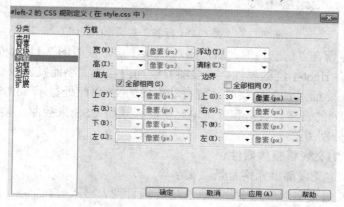

图 7-111 "方框属性"对话框(left-2)

设置完成后，style.css 文件中生成的代码如下：

```
#left-2 {margin-top: 30px; }
```

(2) 选取并删除插入 left-2 层时系统自动生成的文字"此处显示 id "left-2" 的内容"，插入图像 left02.jpg。

(3) 保存预览，如图 7-112 所示。

图 7-112 left 层预览效果

步骤十六：在 right 层标题后插入 right-1 层，并插入内容。

图 7-113 "插入 Div 标签"对话框(right-1)

(1) 将光标停留在"信息栏"之后，插入 right-1 层，参照图 7-113 设置，单击"确定"按钮。此处不设置 right-1 层的属性，它会随着添加内容的大小而发生改变。

(2) 选取并删除插入 right-1 层时系统自动生成的文字"此处显示 id "right-1" 的内容"，插入一个 3 行 1 列的表格。表格和每个单元格的样式用 CSS 来控制。接下来将定义 4 个 CSS 类选择符，分别为：

· rightable: 定义表格整体属性。

· right_top: 定义顶部单元格背景、文字等。

· right_mid: 定义中部单元格背景、文字、项目列表格式等。

· right_end: 定义底部单元格背景、文字格式等。

各个类的参数，具体参照如下代码设置：

```
.righttable{
    background-color:#e0e0e0;
    width:325px;
    height:280px;
}
.right_top {
    font-family: "黑体";                         /* 定义文字字体 */
    font-size: 16px;                             /* 定义文字大小 */
    color: #000000;                              /* 定义文字颜色 */
    background-image: url(Images/head.png);      /* 定义单元格背景图像 */
    background-repeat: no-repeat;                /* 定义背景图像不重复 */
    background-position: center center;          /* 定义背景图像居中 */
    text-align: left;              /* 定义段落对齐方式为左对齐 */
    vertical-align: middle;        /* 定义文字在单元格垂直方向居中对齐 */
    height: 30px;                  /* 定义单元格高度 */
    padding-left: 35px;            /* 设置方框中填充对象的左边距为 35 像素 */
}
.right_mid {
    font-size: 15px;                     /* 定义文字大小 */
    color: #000000;                      /* 定义文字颜色 */
    background-color: #CCC;              /* 定义背景颜色为浅灰色 */
```

```
    padding: 5px;                        /* 定义填充内容的边距 */
    height: 190px;                       /* 定义单元格高度 */
    width: 220px;                        /* 定义单元格宽度 */
    list-style-position: inside;         /* 定义列表位置为内部 */
    list-style-image: url(Images/s_left.gif); /* 定义列表项前面的图标 */
}

. right_end {
    font-size: 16px;                     /* 定义文字大小 */
    color: #FFF;                         /* 定义文字颜色 */
    background-color: #799a01;           /* 定义背景颜色为绿色 */
    text-align: right;                   /* 定义段落对齐方式为右对齐 */
    height: 20px;                        /* 定义单元格高度 */
    width: 220px;                        /* 定义单元格宽度 */
}
```

(3) 参照图 7-114 所示，为表格和单元格设置类，并输入内容。效果如图 7-115 所示。

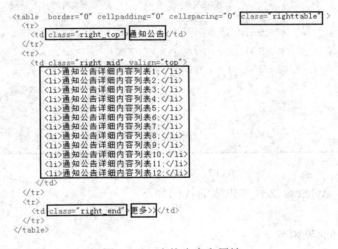

图 7-114　表格内容和属性

图 7-115　right-1 层效果图

步骤十七：在 right-1 层标题后插入 right-2 层，并插入图片。

(1) 插入层 right-2 层，参照图 7-116、图 7-117 设置，详细介绍省略。

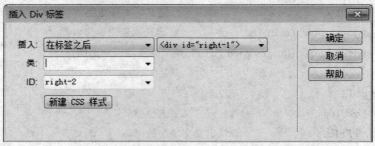

图 7-116 "插入 Div 标签"对话框(right-2)

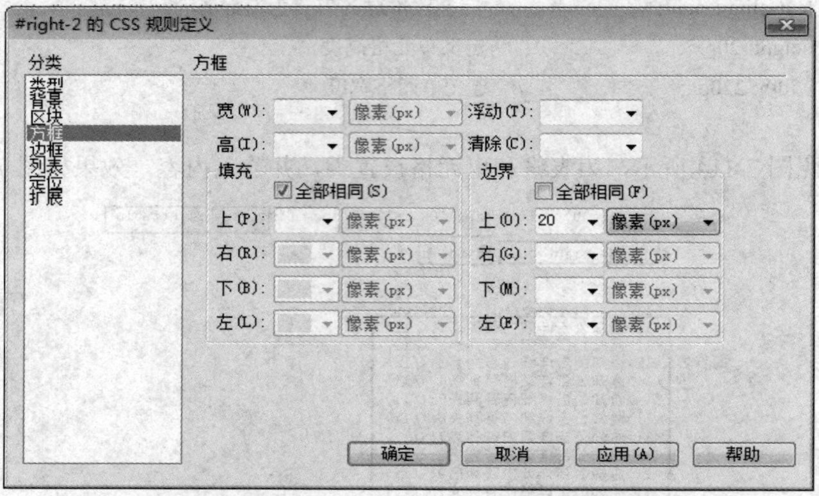

图 7-117 "方框属性"(right-2)

设置完成后，style.css 文件中生成的代码如下：

```
#right-2 {
    margin-top:20px;
}
```

(2) 选取并删除插入 right-2 层时系统自动生成的文字"此处显示 id "right-2"的内容"，插入图像 right02.jpg。

步骤十八：在 container 层后插入 footer 层并设置格式，添加内容。

(1) 插入 footer 层，参照图 7-118～图 7-123 进行设置，详细介绍省略。

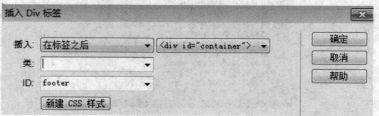

图 7-118 "插入 Div 标签"对话框(footer)

图 7-119　类型属性(footer)

图 7-120　背景属性(footer)

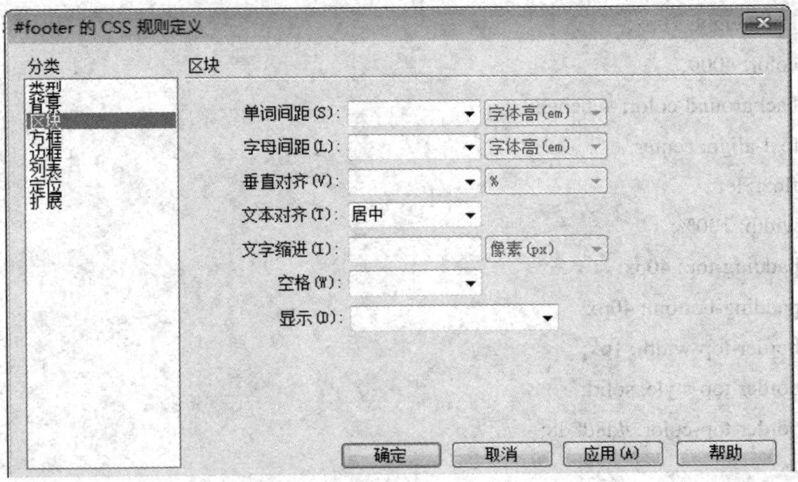

图 7-121　区块属性(footer)

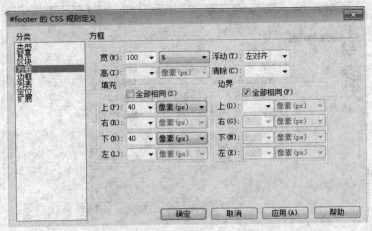

图 7-122　方框属性(footer)

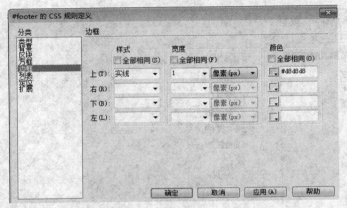

图 7-123　边框属性(footer)

设置完成后，style.css 文件中生成的代码如下：

```
#footer {
    font-size: 15px;
    line-height: 20px;
    color: #000;
    background-color: #ebebeb;
    text-align: center;
    float: left;
    width: 100%;
    padding-top: 40px;
    padding-bottom: 40px;
    border-top-width: 1px;
    border-top-style: solid;
    border-top-color: #d8d8d8;
}
```

(2) 选取并删除插入 footer 层时系统自动生成的文字“此处显示 id "footer" 的内容”。打开文件面板中的“文本.txt”，将文字复制到 footer 层中，效果如图 7-124 所示。

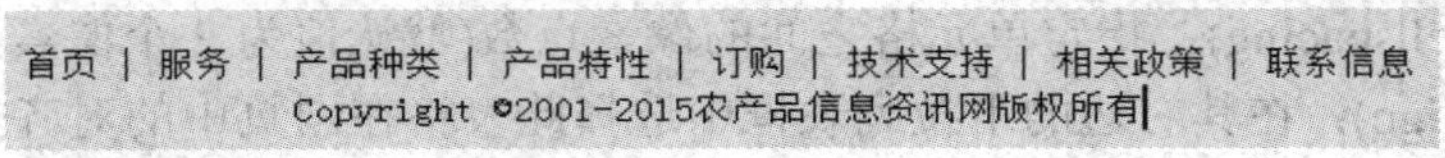
首页 | 服务 | 产品种类 | 产品特性 | 订购 | 技术支持 | 相关政策 | 联系信息
Copyright ©2001-2015农产品信息资讯网版权所有

图 7-124　footer 层效果

(3) 保存文档，预览页面整体效果。

7.2　表格实现布局页面

表格在网页中的应用十分广泛，它是网页中的基本元素。表格原本是处理数据时最常用的一种形式，因形式简洁、能够直观地反映数据在行与列上的关系而受到人们的青睐。在实际生活中，通讯录、课程表等都是表格的典型应用。现在，在信息世界中表格主要用于装载数据信息。由于表格能将单元格中的内容规划整齐后显示出来，表格属性能改变对象在浏览器中的显示效果，所以表格就成为网页中组织规划文字、图像等内容的排版工具。

本节介绍表格的建立、对表格的一些基本操作和怎样利用表格来构造页面的整体框架。

7.2.1　表格标签及属性

表格标签<table></table>套有行标签<tr></tr>，行标签套有单元格标签<td></td>，次序不能颠倒、不能交叉。在这个基础上可以添加表格标题标签<caption></caption>和表头标签<th> </th>，如：

<table 属性名 = “属性值”…>
<caption 属性名 = “属性值”…>表格标题</caption>
<tr 属性名 = “属性值”.>
<th 属性名 = “属性值”…>表头 1</th> <td 属性名 = “属性值”…>表项 1</td>
</tr>
<tr 属性名 = “属性值”… >
<th 属性名 = “属性值”…>表头 2</th> <td 属性名 = “属性值”…>表项 2</td>
</tr>
</table>

属性
表格 Id
行 5
列 5
宽 247
像素
高 height
像素
填充 0
间距 0
对齐 默认
边框 1
背景颜色

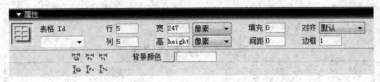

图 7-125　表格属性面板

表格“属性”面板(图 7-125)中各属性的意义如下：

- 宽(width)：单位是像素或显示占窗口的百分比。
- 高(height)：单位是像素或显示占窗口的百分比。
- 边框(border)：单位是像素。此项省略时，边框默认为 0。

- 填充(cellpadding)：指定单元格的内容与单元格边框之间距离的像素点数(默认值为 1 个像素点)。
- 间距(cellspacing)：指定单元格之间的像素点数(默认值为 2 个像素点)。
- 对齐(align)：在其右边的下拉列表框中选择此表格在网页中的对齐方式，默认为左对齐。
- 背景颜色(bgcolor)：在其右边的颜色井或文本框中设置表格背景颜色。
- 🖳 和 📖：分别为清除表格代码中所有行高值和列高值。
- 🖳 和 📖：分别将表格当前以百分比为单位的宽度及高度转换为以像素点为单位。
- 🖳 和 📖：分别将表格当前以像素点为单位的宽度及高度转换为以百分比为单位。

除此之外，标题标签<caption>的常用属性有 align(标题的位置，值为 left |center |right |bottom |top)、valign(标题在表格的上部或下部，值为 bottom|top)、<tr>、<td>、<th>还有 nowrap(不换行)、跨多列属性 colspan 和跨多行属性 rowspan，如：

```
<th   colspan = x   rowspan = y >表项</th>
```

【例 7-4】 编写代码，建立多重表头的表格，界面如表 7-1 所示。代码如下：

```
<body>
<table width = "247" height border = "1" cellpadding = "0" cellspacing = "0"   borde = "1" >
<caption>学生成绩表</caption>
  <tr>
    <th rowspan = "2">学号</th>
    <th rowspan = "2">姓名</th>
    <th colspan = "3">成绩</th>
  </tr>
  <tr>
<th width = "40">数学</th>
<th width = "40">语文</th>
<th width = "40">外语</th>
</tr>
    <tr><td>040321</td><td>章小菲</td><td>78 </td><td>88</td><td>90</td></tr>
    <tr><td>050833</td><td>李礼白</td><td>67</td><td>75</td><td>98</td></tr>
    <tr><td>067712</td> <td>王　朔</td><td>90 </td><td>56</td><td>70</td></tr>
</table>
</body>
```

表 7-1　学生成绩表

学号	姓名	成绩		
		数学	语文	外语
040321	章小菲	78	88	90
050833	李礼白	67	75	98
067712	王朔	90	56	70

7.2.2 表格的应用技巧

1. 利用表格的属性制作分割线

在 Dreamweaver 中插入一个 1 行 1 列的表格，表格的属性设置如下：宽为 100%，高为 1 像素，填充为 0，间距为 0，边框为 0，背景颜色为 "#000000"。

然后在代码视图下将生成的代码中有方框的部分删除。

```
<table width = "100%" border = "0" cellspacing = "0" cellpadding = "0" height = "1"  bgcolor =
"#000000">
    <tr>
      <td> </td>
    </tr>
  </table>
```

2. 利用 cellspacing 制作细线表格

Cellspacing 属性用来指定表格各单元格之间的空隙。当设置整个表格的背景色时，背景色也包含这个空隙，而设置单元格背景色时却不包含这个空隙。因此浏览器中显示的表格的"边框线"并不是真正意义上的表格边框，而是空隙所形成的视觉效果。

有时候需要用表格边框来区分各部分内容，如果把表格边框设置为 1，如图 7-126 中的 table2，则边框过于突出，这时可以利用 cellspacing 属性来制作细线表格，如图 7-126 中的 table1。

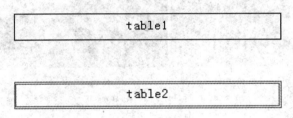

图 7-126 表格比较

在 Dreamweaver 中分别插入 1 行 1 列的表格 table1 和 table2，设置比较。

table1 属性设置：间距为 1，边框为 0，背景颜色为 "#000000"，单元格背景颜色为 "#FFFFFF"。

table1 属性设置：间距为 0，边框为 1。

【例 7-5】 利用 cellspacing 制作等间距细线表格，如图 7-127 所示。

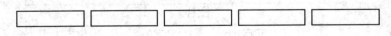

图 7-127 等间距细线表格

具体操作如下：

在 Dreamweaver 中插入一个 1 行 5 列的表格，表格的属性设置如下：宽度为 400 像素，间距为 4，边框为 0，背景颜色为 #FFFFFF。

在表格的第一单元格中内嵌一个 1 行 1 列的表格，表格的属性设置如下：间距为 1，边框为 0，背景颜色为 #000000，单元格背景颜色为 #FFFFFF。内嵌表格的具体代码如下：

```
<table width = "100" border = "0" cellpadding = "0" cellspacing = "1" bgcolor = "#000000">
    <tr>
        <td bgcolor = "#FFFFFF"><div align = "center">细线表格</div></td>
    </tr>
</table>
```

依次对 1 行 5 列的表格中的每一个单元格按照上述方法内嵌一个 1 行 1 列的表格，即可实现如图 7-127 所示的效果。

7.2.3　表格实现页面布局实例(一)

了解了表格的基本使用方法以后，下面通过一个实例学习如何利用表格构造网页的整体布局，让各个网页对象各就各位。

【例 7-6】　利用表格构造网页的整体布局，如图 7-128 所示。

图 7-128　例 7-6 界面

该页面布局结构合理，表格的运用非常自然，线条的运用使画面内容分隔得简洁明快。通过分析该页面可知，网页的布局表格结构如图 7-129 所示。

图片			
图片			
图片	文字1	文字2	文字3
	图片	图片	图片
	文字4	文字5	文字6
文字7			

图 7-129　网页的布局表格

具体操作如下：

步骤一：制作总表格，大体定位。

(1) 建立 6 行 4 列的表格。在其"属性"面板中将边框、填充、间距均设为 0。

(2) 合并第 1 行的 4 个单元格成 1 个单元格；合并第 2 行的 4 个单元格成 1 个单元格；合并第 6 行的 4 个单元格成 1 个单元格，合并第 1 列的第 3 行、第 4 行和第 5 行成 1 个单元格。完成后，如图 7-129 所示。

(3) 对照图 7-128 的效果和图 7-129 的位置，将图片和文字分别插入相应的单元格。图片已将表格撑大，调整各单元格的大小与图片相同。

其中，页脚的文字可以从文件"文字.txt"内复制，如图 7-130 所示。

图 7-130　文件

步骤二：设置页面格式。

(1) 执行"修改"|"页面属性"命令，弹出对话框，设置页面文字的字体为宋体，字号为 14 像素，如图 7-131 所示。

(2) 参照图 7-129，将文字 1、文字 2 和文字 3 设置为居中对齐，将文字 4、文字 5 和文字 6 设置为居右对齐，并将文字 1 至文字 6 均设置空链接。具体方法为：选中文字，在下面"属性"面板中的"链接后"的文本框中输入"#"即可。

(3) 设置页面中超链接的格式。

执行"修改"|"页面属性"命令，弹出对话框，设置如图 7-132 所示。

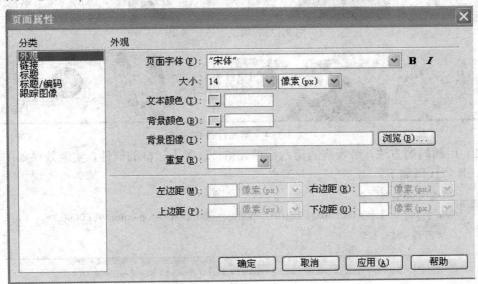

图 7-131　页面属性"外观"对话框

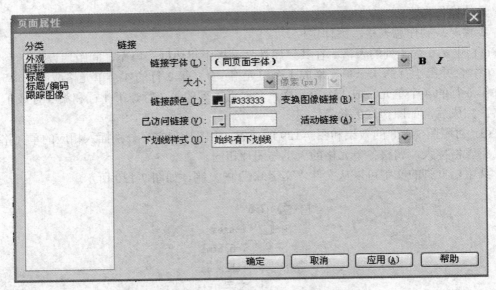

图 7-132　页面属性"链接"对话框

步骤三：设置表格属性。

(1) 选中图 7-133 所在的单元格 `<td>`，设置下边框的属性，即可给单元格添加下方边框，效果如图 7-134 所示。具体代码如下：

```
<td colspan = "4"
style = "border-bottom-width: 4px;border-bottom-style: solid;border-bottom-color: #FF0000;">图片
</td>
```

图 7-133　第二行原始效果

图 7-134　第二行最终效果

(2) 用相同的方法，给表格的第六行单元格，设置上边框的属性，实现效果如图 7-135 所示。具体代码如下：

```
<td colspan = "4"
style = "border-top-width:4px;   border-top-style:solid; border-top-color: #FF0000;">
页脚内容</td>
```

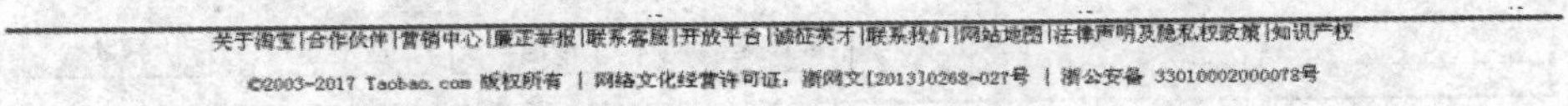

图 7-135　第六行最终效果

(3) 保存，预览。

例题 7-6 中，涉及的边框设置，可以简单实现页面内容的分割，代码解析如表 7-2 所示。

表 7-2 代码解析

代　码	含　义
border-top-width:4px;	上边框宽度为 4 像素
border-top-style:solid;	上边框为实线
border-top-color: #FF0000;	上边框的颜色

7.2.4 表格实现页面布局实例(二)

在网页设计中，页面版式如果比较复杂，仅用表格进行网页排版就很困难，这时可以通过表格的嵌套来实现。对于初学者来说，必须经过一段时间的学习、使用才能掌握自如。下面通过实例进行强化练习。

【例 7-7】 利用嵌套表格构造复杂网页的布局，如图 7-136 所示。

图 7-136 范例 7-7

将页面中所有表格的边框设置为 1，可以观察到页面布局中使用了表格的嵌套(如图 7-137 所示)。由于可以随意根据布局需要设置各个表格的大小，所以多层表格嵌套在页面布局中有其特有的优势。

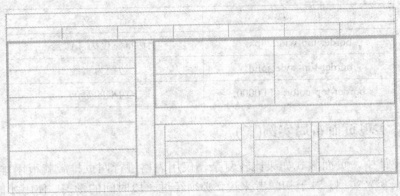

图 7-137　布局的表格

准备好所需要的图片素材，存放在文件夹 7-7 中，开始设计该网页。

步骤一：创建文件。

在站点资源文件夹"7-7"下，新建一个空白网页，命名为"7-7.html"，同时新建 CSS 文件，命名为"style.css"(如图 7-138 所示)。单击"CSS 样式"面板中的"附加样式表"按钮，将页面与 CSS 文件实现关联。设置后，在 7-7.html 的文件头部出现链接文件的代码：

<link href = "style.css" rel = "stylesheet" type = "text/css" />

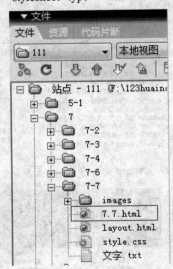

图 7-138　文件面板

步骤二：设置页面的整体属性。

单击"CSS 样式"面板中的"新建 CSS 样式"按钮(如图 7-139 所示)，弹出"新建 CSS 规则"对话框，设置如图 7-140 所示，单击"确定"按钮，在弹出的"body 的 CSS 规则定义"中分别设置"类型"和"方框"属性，如图 7-141、图 7-142 所示。

图 7-139　CSS 面板

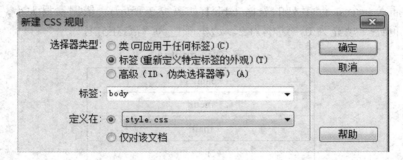

图 7-140　"新建 CSS 规则"对话框(body)

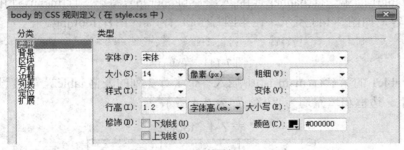

图 7-141　类型属性(body)

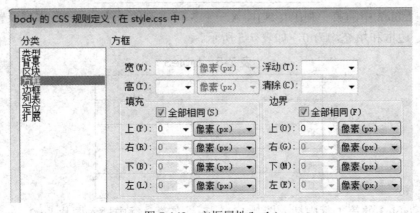

图 7-142　方框属性(body)

设置完成后，CSS 文件中出现的代码为：

```
body {
    font-family: "宋体";
    font-size: 14px;
    line-height: 1.2em;
    color: #000000;
    margin: 0px;
    padding: 0px;
}
```

步骤三：插入表格，并填充内容。

(1) 切换 7-7.html 到设计视图状态下，将光标放置在空白页面中，执行"插入"|"表格"命令，插入一个 4 行 1 列的表格 table1(如表 7-3 所示)。依据素材大小，宽度设置为 1000 像素，间距、填充为 0，边框为 2，边框颜色为"#C5E5FE"。

表 7-3　table1

banner
menu
main
foot

(2) 在 table1 的第一行(banner 行)插入图片 banner.jpg，将第二行(menu 行)拆分为 7 列，输入菜单内容，如图 7-143 所示，在第四行(foot 行)插入图片 foot.jpg。

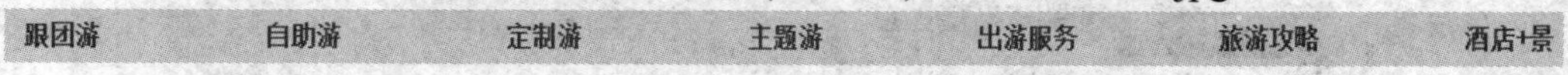

跟团游	自助游	定制游	主题游	出游服务	旅游攻略	酒店+景

图 7-143　菜单行

(3) 在 table1 的第三行(main 行)中插入一个 1 行 3 列的表格 table2，宽度设置为"1000 像素"，间距、边框和填充均为"0"，如表 7-4 所示。

表 7-4　table2

Left	Middle	Right

(4) 在 table2 中的第一列(left 列)插入一个 5 行 1 列的表格 table3，宽度设置为 300 像素，间距、边框和填充均为 0，如表 7-5 所示。

表 7-5　table3

行 1
行 2
行 3
行 4
行 5

(5) 在 table3 的第 1 行中插入图片 left1.jpg，在第 2 行中插入图片 left2.jpg，在第 4 行

中插入图片 left3.jpg，在第 3 行中输入文字，并将文字设置空链接。代码如下：

```
<a href = "#">蜈支洲岛</a>
<a href = "#">西双版纳</a>
<a href = "#">鼓浪屿</a>
<a href = "#">张家界</a>
<a href = "#">终南山</a>
<a href = "#">龙门石窟</a>
```

在第 5 行中，输入文字，并将文字设置为空链接。代码如下：

```
<a href = "#">巴厘岛</a>
<a href = "#">普吉岛</a>
<a href = "#">曼谷</a>
<a href = "#">黄石公园</a>
<a href = "#">毛里求斯</a>
```

Table3 填充文字和图片的效果，如图 7-144 所示。

图 7-144 table3 的效果

(6) 在 table2 的第 3 列(right 列)插入一个 6 行 7 列的表格 table4，宽度设置为 680 像素，

间距、边框和填充均为 0，并参照表 7-6，合并相关单元格。

表 7-6　table4

行 1				
行 2				
行 3				
Left1		Middle1		Right1
Left2		Middle2		Right2
Left3		Middle3		Right3

(7) 在 table4 的第 1 行中插入文字"热点旅游信息公告"，在第 3 行中插入图片 right2.jpg。在 table4 的单元格"left1""middle1""right1"中分别插入图片 ad1.jpg、ad2.jpg 和 ad3.jpg。在单元格"left2""middle2""right2"中分别输入文字"普吉岛—郑州直飞￥3299 起""马尔代夫自助游￥16278 起""大阪东京富士山￥4300 起"，将文字居中，并设置空链接，代码如下：

```
<tr align = "center">
        <td><a href = "#">普吉岛-郑州直飞￥3299 起</a> </td>
        <td><a href = "#">马尔代夫自助游￥16278 起 </a> </td>
        <td><a href = "#">大阪东京富士山￥4300 起</a></td>
</tr>
```

在单元格"left3""middle3""right3"中均插入图片 order.jpg，效果如图 7-145 所示。

图 7-145　table4 效果

(8) 在 table4 的第 2 行中插入一个 1 行 2 列的表格 table5，如表 7-7 所示，宽度设置为 "680 像素"，间距、边框和填充均为 "0"。

表 7-7 table5

Left	right

(9) 在 table5 的 left 单元格中输入文字，或直接从资源下的 "文字.txt" 中复制，并设置空链接，代码如下：

```
<a href = "#">4/20/17 开封清明上河园—开封府—小宋城一日游</a>
    <a href = "#">4/20/17 开封清明上河园—开封府—小宋城一日游</a>
    <a href = "#">4/19/17 少林寺—洛阳龙门石窟—云台山二日游</a>
    <a href = "#">4/20/17 美食之旅—普吉岛 6 日 5 晚跟团</a>
    <a href = "#">4/20/17 北京五日游组团</a>
    <a href = "#">4/20/17 龙台山—青天河—红石崖一日游</a>
    <a href = "#">4/20/17 品杜康酒—赏牡丹—龙门两岸看石窟</a>
    <a href = "#">4/20/17 北京五日游组团</a>
    <a href = "#">4/20/17 龙台山—青天河—红石崖一日游</a>
    <a href = "#">4/20/17 品杜康酒—赏牡丹—龙门两岸看石窟</a>
    <a href = "#">4/20/17 北京五日游组团</a>
    <a href = "#">4/20/17 龙台山—青天河—红石崖一日游</a>
```

在 table5 的 right 单元格中插入图片 right1.jpg，效果如图 7-146 所示。

图 7-146 table 5 的效果

步骤四：设置文字格式。

(1) 设置有超链接的文字格式。

单击 "CSS 样式" 面板中的 "新建 CSS 样式" 按钮(如图 7-139 所示)，弹出 "新建 CSS 规则" 对话框，设置如图 7-147 所示，单击 "确定" 按钮，在弹出的 "a 的 CSS 规则定义" 中分别设置 "类型" 和 "区块" 属性，如图 7-148、图 7-149 所示。

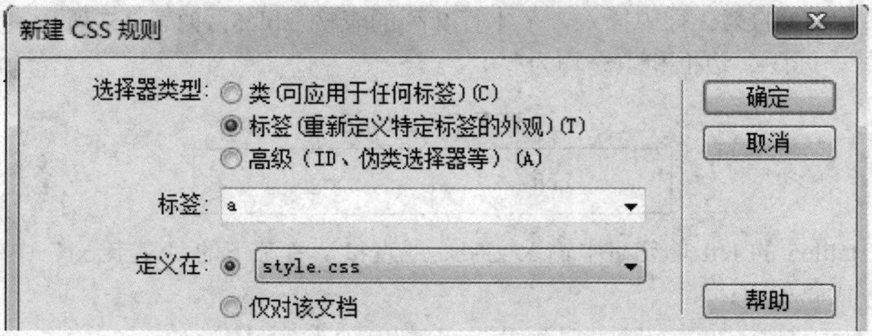

图 7-147 "新建 CSS 规则"对话框(a)

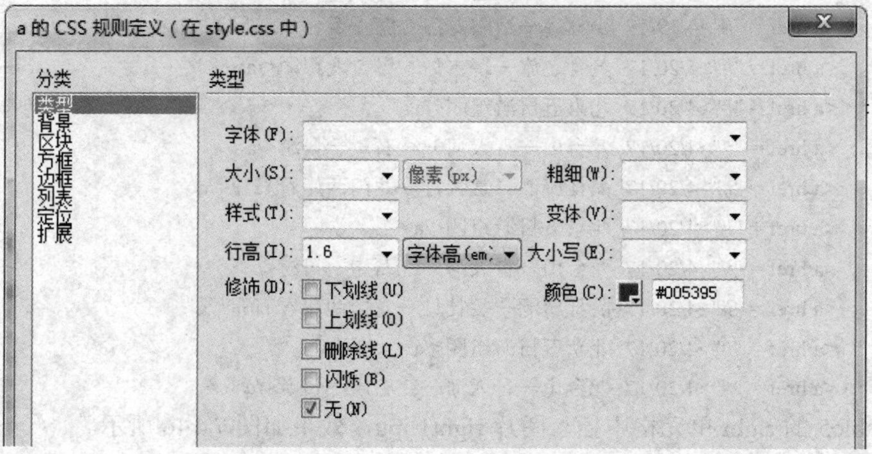

图 7-148 类型属性(a)

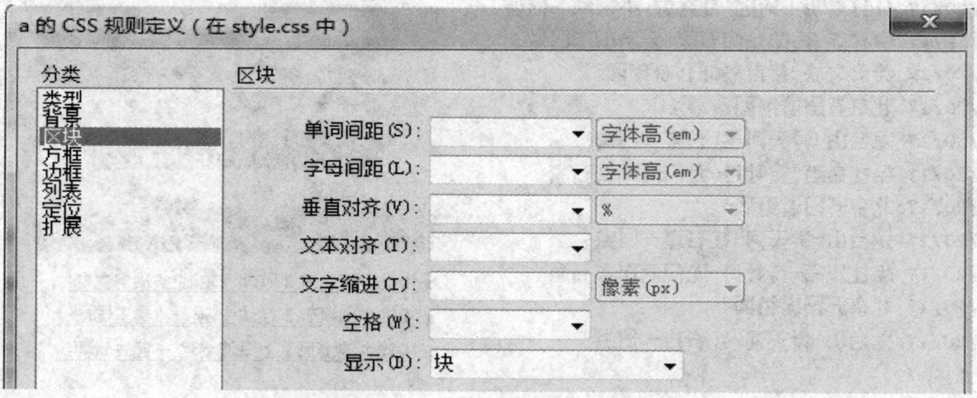

图 7-149 区块属性(a)

设置完成后，CSS 文件中生成的代码如下：

```
a{
    line-height: 1.6em;
    color: #005395;
    display: block;
```

text-decoration:none;

　　}

（2）设置表 table4 第 1 行中标题文字"热点旅游信息公告"的格式。

　　单击"CSS 样式"面板中的"新建 CSS 样式"按钮(如图 7-139 所示)，弹出"新建 CSS 规则"对话框，设置如图 7-150 所示。单击"确定"按钮，在弹出的"font1 的 CSS 规则定义"中分别设置"类型""区块""方框""边框"属性，如图 7-151、图 7-152、图 7-153 和图 7-154 所示。

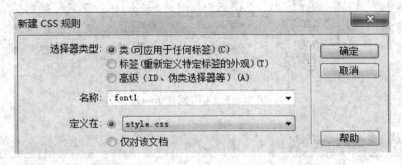

图 7-150　"新建 CSS 规则"对话框(font1)

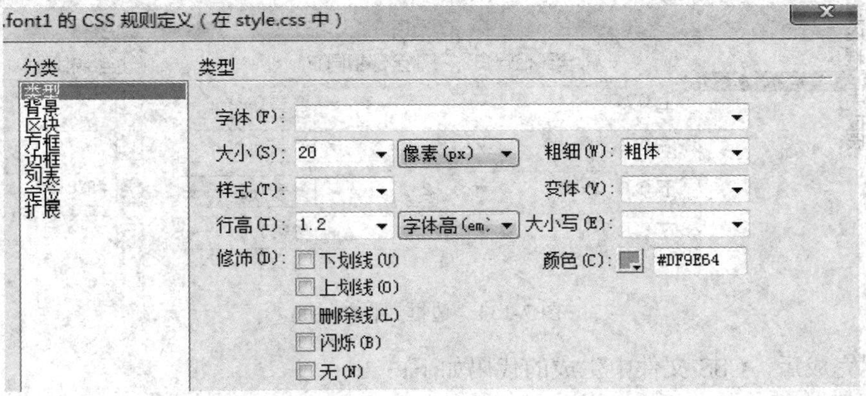

图 7-151　类型属性(font1)

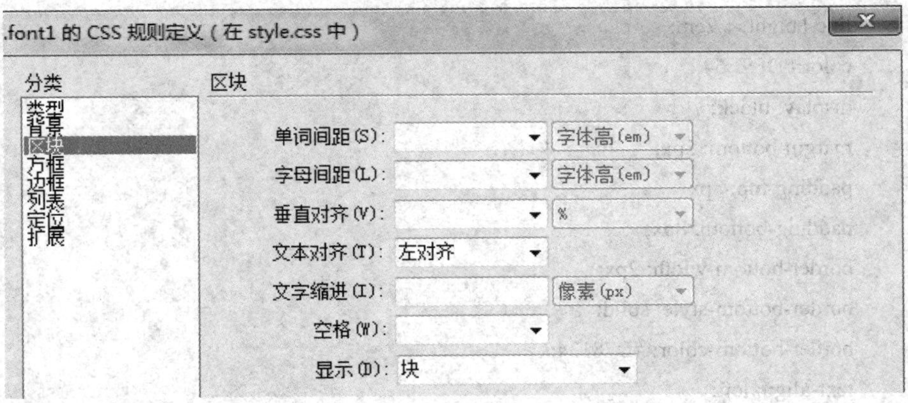

图 7-152　区块属性(font1)

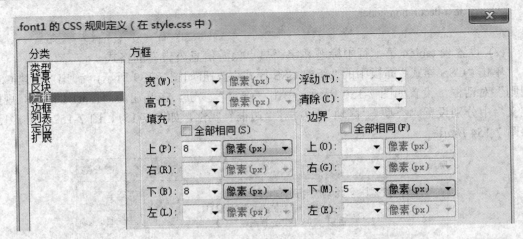

图 7-153 方框属性(font1)

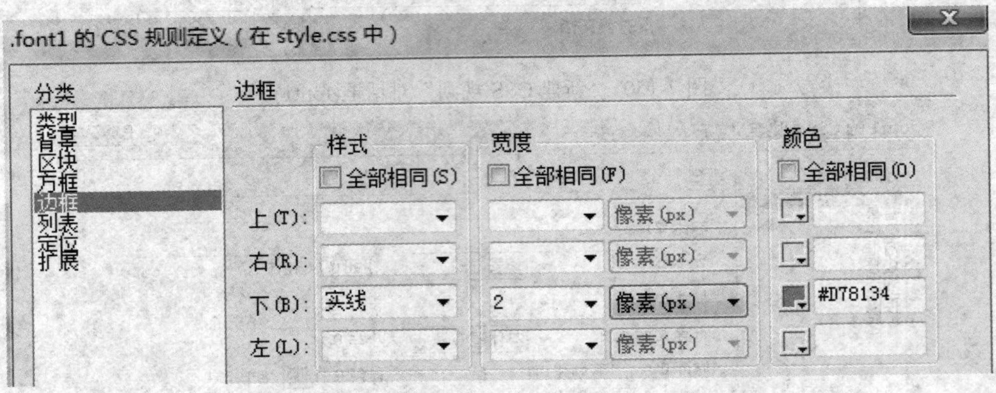

图 7-154 边框属性(font1)

设置完成后，CSS 文件中生成的代码如下：

```
.font1 {
    font-size: 20px;
    line-height: 1.2em;
    color:#DF9E64;
    display: block;
    margin-bottom: 5px;
    padding-top: 8px;
    padding-bottom: 8px;
    border-bottom-width: 2px;
    border-bottom-style: solid;
    border-bottom-color: #D78134;
    text-align: left;
    font-weight: bold;
```

}

(3) 选中文字"热点旅游信息公告",在"属性"面板中选取"格式"选项为"段落"(如图 7-155 所示),然后将"样式"选项设置为"font1",效果如图 7-156 所示。

图 7-155 属性面板(段落)

热点旅游信息公告

图 7-156 设置文字的样式(font1)

7.2.5 布局表格

在网页设计中进行页面布局最常用的一种方法是使用表格。但是,如果页面版式比较复杂,应用表格进行网页排版就很困难。为了简化用表格进行页面布局的过程,Dreamweaver 提供了"布局视图"功能。在"布局视图"中可以使用布局表格进行页面的基本设计,避免了使用标准表格进行页面布局的繁杂。

Dreamweaver 提供了多种不同的方式来创建和控制网页布局,其中,布局视图应该是构建页面布局最简单的方式。

1. 绘制布局表格与布局单元格

绘制布局表格与布局单元格需要进入"插入"面板的"布局"选项卡,如图 7-157 所示。当选中"标准"按钮时,系统处于标准视图环境,其左边的"表格"按钮、"插入 Div 标签"及"层"按钮被激活,可以使用;当选中"布局"按钮时,系统处于布局视图环境,其右边的"布局表格"按钮及"绘制布局单元格"按钮被激活,可以使用,而左侧的"表格"按钮、"插入 Div 标签"及"层"按钮显示灰色,不能使用。

布局表格　　　绘制布局单元格

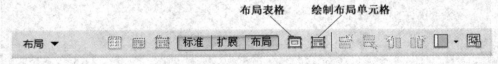

图 7-157 "布局"选项卡

进入布局视图环境后,选择"布局表格"按钮,此时鼠标指针将变为加号(+),将鼠标指针定位到页面上,拖动鼠标即绘制出布局表格。布局表格在页面上显示为绿色边框,绿色是布局表格的默认边框颜色。如果是页面上绘制的第一个布局表,它将自动被定位到页面的左上角。

绘制布局单元格与绘制布局表格的方法一样。选择"绘制布局单元格"按钮,此时鼠标指针将变为加号(+),将鼠标指针定位到布局表格上,拖动鼠标即绘制出布局单元格。布局单元格在页面上显示为蓝色边框,蓝色是布局单元格的默认边框颜色。

布局表格、布局单元格之间相互都不能重叠,在布局表格或布局单元格附近(小于 8

像素)绘制新的布局表格或布局单元格时，系统会自动把它们左对齐。当建立的布局表格或布局单元格靠近页面边界(小于 8 像素)时，布局表格或布局单元格会自动对齐边线。如果要临时取消对齐功能，可以在绘制布局表格或布局单元格时按住 Alt 键。

可以添加文本、图像和其他媒体到布局视图中的布局单元格中，方法与在标准表格中添加网页元素一样。页面中的灰色空间是不可用来添加网页元素的区域，网页元素仅可以被插入到布局单元格内，所以必须在需要插入网页元素的地方插入一个布局单元格。当用户加入的内容大于单元格时布局单元格将自动扩展，在单元格扩展的同时，周围的单元格会受影响，单元格所在的列也会随之扩展。

2. 编辑布局表格与布局单元格

下面介绍如何调整布局表格与布局单元格的位置与大小，如何应用布局单元格的自动伸缩功能，如何设置布局表格与布局单元格的属性。

1) 调整布局表格与布局单元格的位置与大小

布局表格与布局单元格都能被随意移动和改变大小，这是优于标准表格的功能。

可以通过拖动布局表格左上方的绿色标签移动嵌入的布局表格，也可以用箭头键微调其位置。单击布局单元格的边框，选中布局单元格，拖动其边框即可移动布局单元格。

操作布局表格或布局单元格边框上的控制柄可以改变它们的大小。

2) 布局单元格的自动伸缩

在布局视图中可以使用两种类型的宽度："固定"与"自动伸展"，如图 7-158 所示属性面板，固定宽度是一个特定的数值宽度，如 300 像素，在列标题区域显示为一个数字。自动伸展则是指表格和单元格宽度随着窗口大小发生变化，在列标题区域显示为波浪线(如图 7-159 所示)。有了自动伸展，无论浏览者设定什么尺寸的窗口，布局总是撑满整个浏览器窗口。在一个布局表格中仅有一列的宽度是可以自动伸展的。

图 7-158　布局表格与布局单元格

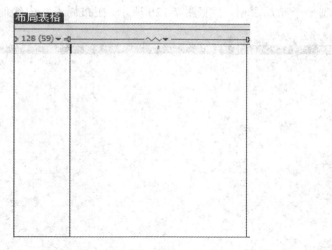

图 7-159 布局表格

要设置自动伸缩宽度，鼠标应指向要设置为自动伸缩列的顶端，单击"列标题菜单"按钮(如图 7-160 所示)，打开列标题菜单，选择"列设置为自动伸展"或选中该列，然后单击"属性"面板中的"自动伸展"。

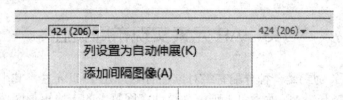

图 7-160 设置自动伸展属性

当设置某一列为自动伸展时，Dreamweaver 将在固定宽度列中插入间隔图像(Spacer)来控制布局。间隔图像是浏览器窗口中不可见的透明图像，只被用来控制间隔。

自动伸展宽度可以转为固定宽度。单击要设为固定宽度的"列标题菜单"按钮，打开列标题菜单，选择"列设置为固定宽度"，如图 7-161 所示。

图 7-161 自动伸展宽度转为固定宽度

将布局表格与标准表格的"属性"面板相比较，可知布局表格的属性比标准表格要少得多，所以布局表格常常不能满足页面排版的需要。布局表格制作好以后，还须将其转换为标准表格，以便进一步对页面中的内容进行设置，达到满意的排版效果。单击"布局"选项卡下的"标准"按钮，就可以将布局表格转换为标准表格。

【例 7-8】 利用布局表格重新制作例 7-6 页面。具体操作如下：

步骤一：在布局视图内绘制布局表格。

(1) 绘制一个布局表格，参照图 7-129 所示，在布局表格内绘制布局单元格，如图 7-162 所示。

图 7-162　绘制布局表格和单元格

(2) 按照例 7-6 的页面布局效果，如图 7-128 所示，在对应的位置插入图形和文字。

步骤二：切换到标准视图下，修改表格属性至合适状态，保存，预览页面。

7.3　AP 元素实现布局页面

　　AP 元素(也称为层)是一种分配有绝对位置的 HTML 网页元素，其中可以包含文本、图像、表单和表格等。AP 元素可被理解为浮动在网页上的一块矩形区域，载着放在它上面的网页元素移动，并且可以被准确地停放在网页的任何地方。

　　Dreamweaver 中的 AP 元素突破了二维的限制，使网页有了立体的概念。AP 元素可以重叠，并且可以改变重叠的次序，即除了 x 轴、y 轴，还有深度 z 轴。结合时间轴、行为，AP 元素还可以创建出多种多样的网页效果。

　　AP 元素的可见性也可控制，即根据需要可见性可设置为隐藏或可见。由于 AP 元素内可以包含文本、图像、插件甚至其他 AP 元素，即任何能被放置到 HTML 文档正文中的网页元素都可以放置到 AP 元素中，所以这些放在 AP 元素中的网页元素也通过 AP 元素具有了可见性和可隐藏性。由此，可以创建出丰富多彩的网页效果。

　　注意：

　　AP 元素也是一个网页排版的工具，与表格相比有如下三个特点：

　　第一，AP 元素是可移动的，表格是不可移动的；

　　第二，AP 元素是三维的(x、y、z 三轴)，表格是二维的；

　　第三，AP 元素具有可见性或隐藏性，表格不能被隐藏。

　　了解了 AP 元素与表格的区别，可以根据需要选择不同的网页排版工具。

　　当然，在页面中使用 AP 元素也有它的局限性，就是一些旧的浏览器并不支持 AP 元素。只有 Internet Explorer 4.0 和 Netscape 4.0 或更高版本的浏览器才能够显示 AP 元素，而且显示的效果并不总是一致。

7.3.1 AP 元素的属性

AP 元素的标签是<div id = "">< /div>，也可以使用<span></span>标签，其属性不写在标签中，而是以 CSS 样式的 id 选择符写在<head>部分，故在<body>部分的代码十分简洁。AP 元素主要属性见表 7-8。

表 7-8   AP 元素属性说明

AP 元素属性	说　　明
#Apdiv {	id 名
position:absolute| relative|static;	位置坐标设置方式
left: x px;	左边距为 x 像素
top: x px;	顶边距为 x 像素
width: x px;	宽度为 x 像素
height: x px;	高度为 x 像素
z-index:n:	AP 元素叠放前后顺序号
visibility: default|inherit|visible|hideen;	可见性，有 4 个选项
background-color: #FF00FF;	背景颜色，用 6 位十六进制数表示
background-image: url(文件路径及文件名)	背景图
overflow: visible|hideen|scroll|auto;	AP 元素内对象大于 AP 元素尺寸时的处理方式
}	

和其他网页对象一样，使用"属性"面板可指定 AP 元素的名称、位置以及设置其他属性。选中一个 AP 元素，在属性面板看到该 AP 元素的所有属性，如图 7-163 所示。

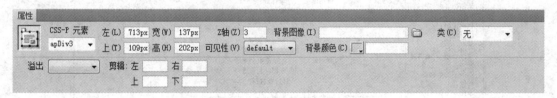

图 7-163   AP 元素的属性面板

AP 元素"属性"面板包括的主要属性如下：

(1) CSS-P 元素：在其下的文本框中给 AP 元素指定一个名称(例如图 7-163 中的"Apdiv3")，以便在 AP 元素面板和代码中识别。AP 元素名称只能用标准数字、文字符号定义，不能使用特殊字符，例如空格、连字符、斜线或者句号。

(2) 左(left)和上(top)：指定 AP 元素相对于页面或者其父层(如果是被嵌入的)顶部和左上角的位置。

(3) 宽(width)和高(height)：指定 AP 元素的宽度和高度，如果 AP 元素内放置的内容超出了指定的大小，那么这些数值将被覆盖。

(4) Z 轴(Z-index)：确定 AP 元素的叠加顺序，数值高的层将显示在数值低的层上面。

数值可以是正的也可以是负的。

(5) 可见性(visibility)：指定 AP 元素的初始显示状态。default(默认)不指定可见性属性，但大多数浏览器将此项解释为 inherit(继承)，inherit 继承其父层的可见性属性，visible 显示层的内容，hidden 不显示层的内容。

(6) 背景图像(background-image)：指定 AP 元素的背景图像。可以单击文件夹图标浏览并选择一个图像文件，或者在文本框中直接输入图像的路径及文件名。

(7) 背景颜色(background-color)：保留这个选项为空白即指定了透明背景。

(8) 溢出(overflow)：指定当层内的内容超出了层的设置大小时，层的处理方式。如表7-9 所示。

表 7-9　　溢出值说明

溢出值	说　　　明
visible	内容超出了层的大小或增大层的尺寸时，层的扩展方向为下方和右方
hidden	指保持层的大小并裁掉容纳不下的内容，不会出现滚动条
scroll	指无论层内的内容是否超出了层的大小都将为层添加滚动条
auto	当层内的内容超出了它的边界时才出现滚动条，且只在浏览器中显示

(9) 剪辑(clip)：定义 AP 元素内的显示区域并从 AP 元素的边缘裁剪内容。其中"上"和"左"是相对于该层边框的距离；"右"和"下"是剪裁区域相对于页面的坐标。

除了使用"属性"面板，还可以执行"编辑"|"首选参数"命令，从"分类"(Category)列表中选择"层"，为建立新层定义默认的属性设置，如图 7-164 所示。

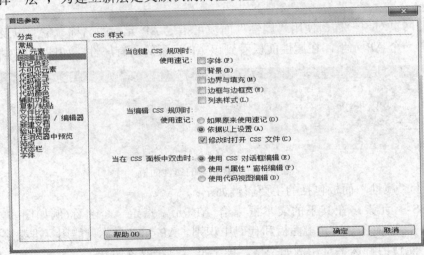

图 7-164　首选参数下设置层属性

7.3.2　AP 元素面板和操作

1."AP 元素"面板

执行"窗口"|"AP 元素"命令或按 F2 键可以打开"AP 元素"面板，如图 7-165 所

示。它以 AP 元素名堆栈列表的形式显示,最先绘制的 AP 元素位于列表的底部,最后绘制的 AP 元素位于列表的上方。

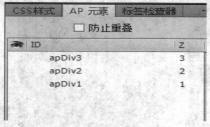

7-165 "AP 元素"面板

在"AP 元素"面板中,可以完成如下操作:

(1) 防止重叠:将"AP 元素"面板中"防止重叠"复选框选中。

(2) 改变"AP 元素"的可见性:单击"AP 元素"面板中眼睛区域,可以改变眼睛睁开或闭上的状态,即可改变相应 AP 元素、AP 元素的可见性。

(3) 改变"AP 元素"的叠放顺序:在 Z 项目列,单击要改变的"AP 元素"后的数字,然后输入一个更大的数字以移动"AP 元素"的叠加次序向上,或者输入更小的数字使其向下。

(4) 选定一个或多个"AP 元素":单击"AP 元素"名称选中一个层;按住 Shift 键单击其他"AP 元素"名,可以选中不连续的多个层。

(5) 绘制嵌套"AP 元素":在"AP 元素"面板中选择一个 AP 元素,然后按住 Ctrl 键并在"AP 元素"面板中将它拖至要嵌套的目标"AP 元素"中;或者执行"编辑"|"首选参数"|"AP 元素"命令,设置如图 7-166,就可以在已有 AP 元素中绘制嵌套 AP 元素。

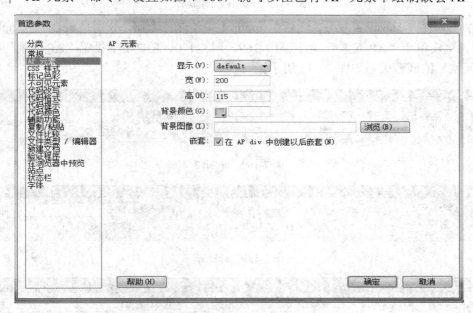

图 7-166 绘制嵌套 AP 元素

(6) 取消嵌套关系:在"AP 元素"面板中将子层拖离父层。被嵌入的子层会跟随它的父层移动并可以继承父层的可见性。

【例 7-9】　利用 AP 元素嵌套设计新车展示页面。如图 7-167 所示。

图 7-167　范例 7-9

准备好所需要的图片素材，存放在文件夹 7-9 中，开始设计该网页。

步骤一：创建文件。

在站点资源文件夹"7-9"下，新建一个空白网页，命名为"7-9.html"。

步骤二：绘制"AP 元素"和嵌套"AP 元素"。

(1) 在网页文档中绘制"AP 元素"apDiv1，属性设置参照图 7-168。

图 7-168　apDiv1 层的属性

　　(2) 参照图 7-166 设置参数，然后在 apolin 1 中绘制三个层，分别是 apDiv2、apDiv3、apDiv4，单击每个"AP 元素"，参照图 7-169、图 7-170、图 7-171 设置"AP 元素"参数。"AP 元素"的嵌套关系如图 7-172 所示。

图 7-169　apDiv2

图 7-170　apDiv3

图 7-171　apDiv4

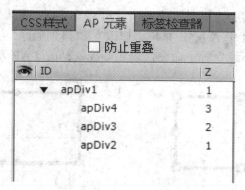

图 7-172 嵌套 AP 元素

步骤三：插入图片。

单击各"AP 元素"，在"AP 元素"apDiv2、 apDiv3、 apDiv4 中分别插入图片 car1.jpg、car2.jpg 和 car3.jpg，效果如图 7-167 所示。代码如下：

```
<div id = "apdiv1">
    <div id = "apdiv2"><img src = "Images/car1.jpg" width = "288" height = "237" /></div>
    <div id = "apdiv3"><img src = "Images/car2.png" width = "288" height = "237" /></div>
    <div id = "apdiv4"><img src = "Images/car3.jpg" width = "288" height = "237" /></div>
</div>
```

注意：插入图片前先在"AP 元素"内单击一下，鼠标在"AP 元素"内闪动时，插入图片即可。

步骤四：保存、预览页面。

2. "AP 元素"操作

在处理页面布局时，"AP 元素"可以被激活、选中或重调大小。"AP 元素"处于激活模式时可将任何网页对象放入其中，选中"AP 元素"可将"AP 元素"对齐、重排版或重调大小。重调"AP 元素"的大小时，允许改变单个 AP 元素的尺寸或统一修改两个或两个以上"AP 元素"的宽度和高度。

图 7-173 AP 元素按钮的位置

如图 7-173 所示，执行"插入"|"布局"|"标准"命令时，"AP 元素"按钮 可用。单击"AP 元素"按钮 后，鼠标变成"+"后，就可以在网页中的任何位置拖出一个"AP 元素"。如果层按钮灰显，表示当前环境不能插入"AP 元素"。"AP 元素"的相关操作如下：

选择"AP 元素"：单击"AP 元素"边框可以选中一个 AP 元素。要选择多个 AP 元素，按住 Shift 键并单击两个或多个"AP 元素"的内部或边框。

调整 AP 元素的大小：选中"AP 元素"后，拖曳"AP 元素"四周的控制柄。

移动"AP 元素"：拖曳 AP 元素左角的方形标签 。

对齐"AP 元素"：先选中欲对齐的多个"AP 元素"，此时，最后被选中"AP 元素"

的边框和控制柄以蓝色实心方框显示(如图 7-174 中 B 层)，而其他选中层的控制柄以蓝色空心方框显示(如图 7-174 中 A 层)。菜单"修改"|"排列顺序"下有"左对齐""右对齐""对齐上缘"和"对齐下缘"等子命令，以实心控制柄的"AP 元素"作为对齐的标准。

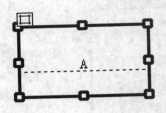
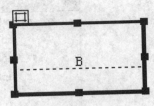

图 7-174　对齐"AP 元素"

【例 7-10】 建立两个"AP 元素"，实现文字的阴影效果。

具体操作：

步骤一：建立第一个"AP 元素"。

(1) 单击"插入"|"布局"选项卡中的"AP 元素"按钮，在文档中绘制一个"AP 元素"。

(2) 在"AP 元素"中输入文字"AP 元素的阴影效果练习"，在"属性"面板中设置字体为隶书，字号为 36，字体颜色为红(#FF0000)，字体加粗。注意，此时默认的"AP 元素"id 名为 apDiv1。

步骤二：建立第二个"AP 元素"。

(1) 建立第二个"AP 元素"，层名为 apDiv2。

(2) 将 apDiv1 中的文字复制到 apDiv2 中，将其颜色改为浅灰色(#999999)。

步骤三：建立阴影效果。

(1) 将 apDiv2"AP 元素"放置到 apDiv1 右下角稍微偏移，显示出 apDiv1"AP 元素"。因为没有设置"AP 元素"的背景色，故两个"AP 元素"都是透明的。

(2) 在"属性"面板中将 apDiv1 的"Z 轴"值设为 3。

(3) 按 F12 键，到浏览器中观察文字的阴影效果，如图 7-175 所示。

素的阴影效果练习

图 7-175　范例 7-10

7.3.3　AP 元素布局页面实例

一般网页设计者都会运用表格来布局，使文本、图像和其他页面元素能够在某一相对位置固定，实现设计者的布局构思。表格的嵌套使页面结构精彩纷呈，可是随着设计者对页面布局要求的提高，表格的运用会越来越复杂，不仅增加了页面的制作难度，而且会使浏览器解释的时间增长，延迟用户浏览时间。而网页中的"AP 元素"，此时应运而生，使得网页布局更加便捷，活跃了人们的设计思维。

虽然"AP 元素"(或者层)以及时间轴、行为产生的代码有些已被 JavaScript 等编程语言的特效所取代，但是对于初学者来说，"AP 元素"在很大程度上弥补了表格排版的不足，便于初学者完成一些特效，掌握一些必要的基础知识。

【例 7-11】 使用"AP 元素"的思考方式分析并设计网页范例。

图 7-176　范例 7-11

通过分析图 7-176 页面，去除内容后可以得出网页的布局结构，如图 7-177 所示。采用"AP 元素"和嵌套"AP 元素"实现整体页面的布局。

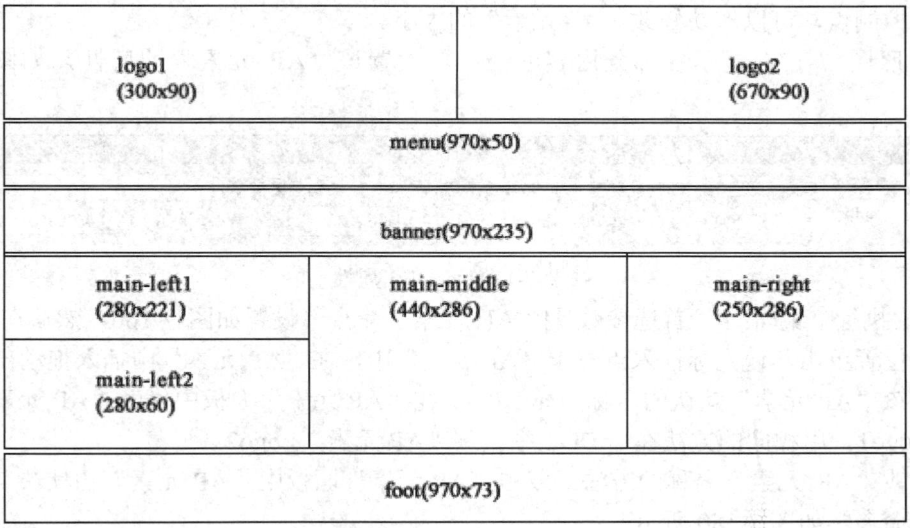

图 7-177　页面的布局结构图

准备好所需要的图片素材，存放在文件夹 7-11 中，开始设计该网页。

步骤一：创建文件。

在站点资源文件夹"7-11"下，新建一个空白网页，命名为"7-11.html"。执行"修改"|"页面属性"命令，设置页面的背景颜色为"#E6F7FF"，如图 7-178 所示。

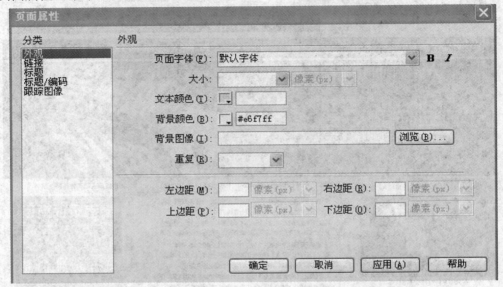

图 7-178　页面属性(7-11)

步骤二：绘制"AP 元素"进行页面布局。

(1) 如图 7-173 所示，执行"插入"|"布局"|"标准"命令时，"AP 元素"按钮 🗐 可用。单击"AP 元素"按钮 🗐 后，鼠标变成"+"形状。在网页的合适位置单击鼠标左键拖出一个矩形框，即插入"AP 元素"apDiv1。

单击此"AP 元素"左上角出现的控制柄 🔲，拖动该控制柄，可以移动"AP 元素"的位置。选中该"AP 元素"，"AP 元素"边框显示为蓝色，同时"AP 元素"的边框上出现 8 个控制点，可以拖动修改"AP 元素"的大小。

参照图 7-175 显示各部分内容的大小，设置该"AP 元素"的属性，如图 7-179 所示。

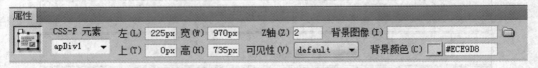

图 7-179　apDiv1 属性

(2) 执行"编辑"|"首选参数"|"AP 元素"命令，设置如图 7-166，然后在 apDiv1 中空白位置单击，使光标插入点位于"AP 元素"中，在"AP 元素"中插入拖动出一个矩形框，该"AP 元素"默认的名称是 apDiv2，在"AP 元素"面板中修改"AP 元素"的名称为 Logo1。用相同的方法在 apDiv1 中嵌入"AP 元素"Logo2。

修改"AP 元素"名称的方法：双击"AP 元素"面板中"AP 元素"的默认名称，就可以重命名，如图 7-180 所示。

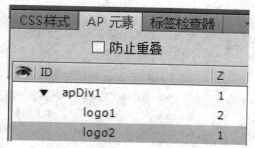

图 7-180 修改 AP 元素名称

依据素材的尺寸，"AP 元素" Logo1 和 Logo2 的属性设置如图 7-181 所示。

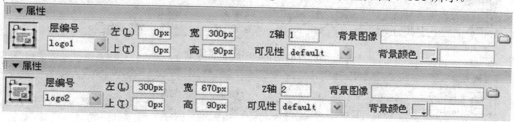

图 7-181 AP 元素属性设置

(3) 参照图 7-177 中罗列的各 "AP 元素" 名称和大小，绘制 "AP 元素" 的方法参照步骤二(2)，继续在 apDiv1 的其他位置拖动出其他 7 个 "AP 元素"(初步绘制 "AP 元素" 的时候小一点，使所有 "AP 元素" 都放置在 apDiv1 内，如图 7-182 所示)，然后参照如图 7-183 和图 7-184 所示设置各 "AP 元素" 的属性。

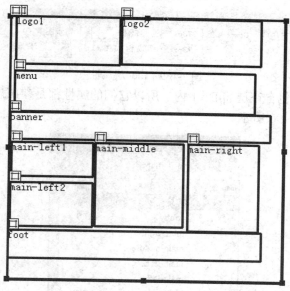

图 7-182 绘制 AP 元素

图 7-183 menu 层属性

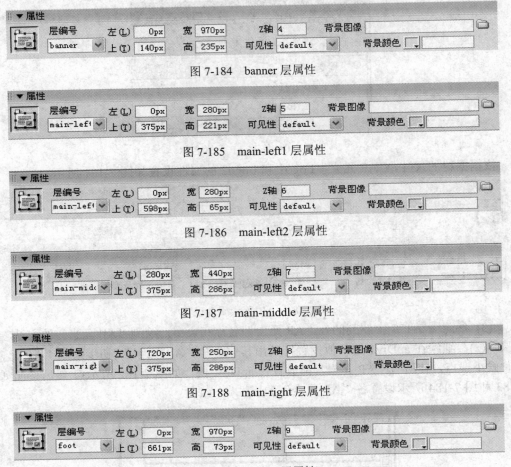

图 7-184　banner 层属性

图 7-185　main-left1 层属性

图 7-186　main-left2 层属性

图 7-187　main-middle 层属性

图 7-188　main-right 层属性

图 7-189　foot 层属性

上述各嵌套层均包含在层 apDiv1 内，所以它们的属性都是参照层 apDiv1 来进行设置的。嵌套关系如图 7-190 所示。

图 7-190　嵌套关系

步骤三：插入图片。

参照范例效果图 7-176，在各个层中插入对应的图片或文字内容。保存网页，按 F12键预览网页。

7.4　框架实现布局页面

建立网页布局时，标准表格、布局表格、层和 CSS 都发挥着各自的特点，但是，它们的共同缺点是浏览器在替换表格或单元格中的内容时必须重新显示整个页面，由此框架布局网页就应运而生。

7.4.1　框架集和框架属性

用框架设计网页，就是将屏幕分为若干区域，每个区域称为一个框架，各框架分别加载一个页面，这些页面可以分别显示，互相控制。

框架的主要作用是用来增强网页的导航功能。对于框架网页来说，它可以使用一个框架来专门处理导航菜单，而其他框架则可以处理页面内容。因为导航菜单在框架内，所以，站点访问者可以通过单击导航菜单项来改变其他框架中的内容，而导航菜单几乎不发生任何变化，这样既节省了系统资源，又加快了下载速度。

框架集是框架的管理者，管理框架协同运作。框架集包含了显示在页面中的框架的数目、框架的尺寸、装入框架的内容来源以及其他一些可定义的属性的相关信息。框架集不在浏览器中显示，它只是用来存放页面中框架显示的相关信息。框架集告诉浏览器开始时应该加载哪些网页，以后，超链接将根据用户的选择重新加载所需框架。

由于框架集就是一个网页，如果该框架集包含 3 个框架，每个框架也是独立的 HTML页面，则包括框架集自身，一共需要 4 个网页，也就是该框架集共有 4 个网页。

以下是框架集代码的基本结构，框架集没有显示部分，所以写在<body></ body>标签之外。

> <frameset 属性名 1 = "属性值 1"…/>
> <frame 属性名 1 = "属性值 1"…/>
> <frame 属性名 2 = "属性值 2"…/>
> …
> </frameset>
> <noframes><body></body><:noframes>

<frameset>是双标签，定义整个框架组的属性， <frame>是单标签，定义单个框架的属性。

框架和框架集各自有"属性"面板。框架属性决定了框架名称、源文件、边距、滚动条、重新调整大小和边框等，框架集属性设置框架尺寸、框架之间边框的颜色和宽度等。

设置框架和框架集属性前，先选中它们，通过"框架"面板可以很方便地选中框架和框架集。执行"窗口"|"框架"命令，出现如图 7-191 所示的"框架"面板，单击"框架"面板中的某个框架，文档窗口中该框架就被选中，"属性"面板显示的就是该框架的属性，

如图 7-192 所示。

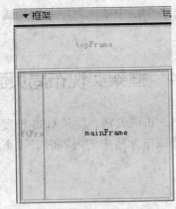

图 7-191　框架面板

图 7-192　框架属性面板

框架"属性"面板的属性如表 7-10 所示。

表 7-10　框 架 属 性

属　性	说　明
框架名称 (Name)	决定用来作为超链接和脚本引用的当前框架的名字。框架名字必须以字母开头，不可以使用中文和 JavaScript 的保留词
源文件(Src)	框架内显示的是源文件路径和名称
滚动(Scroll)	决定在框架内的内容显示不下的时候是否出现滚动条，其中选项"自动"表示需要出现滚动条时自动出现，否则不出现
不能调整大小 (Noresize)	限定框架尺寸，防止用户拖动框架边框
边框(Borders)	控制是否显示框架边框。仅当所有相邻框架的这一选项都是"否"的时候或是所有相邻边框的这一选项都是 Default 而它们的父框架集的这一属性设为"否"的时候，框架边框才会消失。框架边框设置将覆盖框架集边框的设置
边框颜色 (Bordercolor):	设置所有和当前框架相邻的边框的颜色，这一设置会覆盖框架集的边框颜色
边界宽度 (Marginwidth)	设置框架左右边框和内容之间的空间，单位为像素
边界高度 (Marginheight)	设置上下边框和内容之间的空间，单位为像素

使用框架集"属性"面板可以设置边框和框架大小。如前所述，框架属性的设置会覆盖框架集的属性设置。单击框架集的外边框，则框架集被选中，"属性"面板显示的就是框架集的属性，如图 7-193 所示。

图 7-193 框架集属性面板

"框架集"属性面板的属性如表 7-11 所示。

表 7-11 框 架 集 属 性

属 性	说 明
边框(Borders)	控制当前框架集内框架的边框，该选项下拉列表有 3 个选项： "是"显示三维、灰度边框； "否"显示扁平、灰度边框； "默认"由浏览器确定如何显示边框，大多数浏览器的默认值是"是"
边框宽度(Border)	指定当前框架集中边框的宽度
边框颜色 (Bordercolor)	设置当前框架集中所有边框的颜色，该设置可以被单个框架指定的边框颜色所覆盖
值(Value)	指定所选择的行或列的大小，即<frameset>标签中 rows 与 cols 的值
单位(Units)	指定所选择的行或列是以像素为单位的固定大小，还是显示为浏览器窗口的百分比，或者扩展或缩小以填充窗口中的剩余空间
行列选定范围 (Rowcol Selection)	单击右边缩略图中的不同区域，就选择了相应的框架，以用于对其进行"值"和"单位"的设置

其中 rows 和 cols 的值可以是像素数(框架的绝对大小)、百分比数(对浏览器窗口的百分比)或*(表示自动分配)。如 rows = "50，20%，*" 表示横向分为 3 个框架，第 1 个高 50 像素，第 2 个占浏览器窗口的 20%，第 3 个具有剩余的高度。又如 cols = "2*，1*，3*"，表示第 1、2、3 个框架分别为整个浏览器窗口宽度的 2/6、1/6、3/6。

7.4.2 框架的基本操作

1. 建立与编辑框架

在"插入"面板的"布局"选项卡的"框架"下拉列表 □ 中，有系统预设的各种框架集类型。要插入系统预先定义的框架集，先确认菜单命令"查看"|"可视化助理"|"框架边框"被选中，在创建框架集或处理框架时，使文档窗口中的框架边框可见；然后，将插入点置于文档中，进入"插入"面板"布局"选项卡，选取预设框架集结构图标，被选取的框架集结构会出现在插入点所在的文档中。在预设框架集图标上蓝色的部分代表当前

文档中被选中的页面或框架，白色的部分表示新的框架。

在插入预先定义的框架集之后，如果不满意，还可以进行各种编辑操作。

- 改变各框架的大小：用鼠标拖动框架边框线。
- 删除框架：拖动框架边框离开页面或拖动到其他框架的边框上。
- 嵌套框架：光标置于欲嵌入的框架内，选取一种预设框架集结构图标。

2. 保存框架

框架集文件和相关的框架文件必须先保存，然后才可以在浏览器中预览该页面。用户可以分别保存框架集页面或框架页面，也可同时保存所有打开的框架文件和框架集页面。

在使用 Dreamweaver 来创建框架文档时，每个新的框架文档都会被赋予临时文件名。例如 UntitledFrameset-l 代表框架集页面，Untitled-1、Untitled-2 等文件名代表框架页面。

当选择一个保存命令后，"另存为"对话框就会打开并准备以临时文件名来保存。由于每个文件都是"untitled"，所以用户会很难确定要保存的文件是哪一个框架。事实上，可以通过查看文档窗口中的"框架选项线"来辨别当前正在保存的文档对应哪个框架。所选区域(麻绳线围住的框架)就是"另存为"对话框中当前要保存的框架，被选框架或框架集的文件名也会出现在标题栏中。

在文件菜单中与保存框架有关的命令有多个，如保存框架(Save Frame)、框架另存为(Save Frame As)、框架另存为模板(Save Frame As Template)、保存全部(Save All)等。可以分别保存每一个框架及框架集，也可以执行 Save All 命令，将所有的框架和框架集一起保存。

如图 7-194 是—个包含 4 个框架的框架集，执行"文件"|"保存全部"命令，弹出的保存文件窗口中默认文件名是 untitleframeset-l.htm。显然此时是保存框架集文件，观察文档窗口，确认麻绳线围住全部 3 个框架，在文件名文本框中输入框架集文件名，单击"保存"按钮后，又弹出第 2 个保存文件窗口，其中默认文件名是 untitleframe-l.htm，此时查看文档窗口(如图 7-195 所示)显示麻绳线包围着右下角的框架，故命名为 rightframe.html，其他框架的保存方法类推。

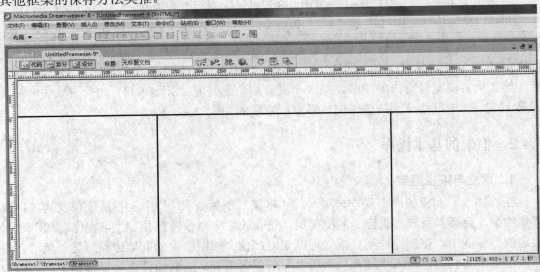

图 7-194　框架

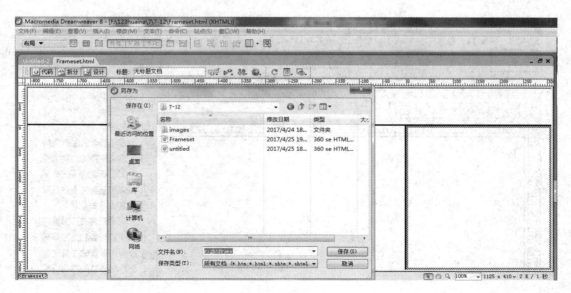

图 7-195　保存框架

7.4.3　框架实现页面布局实例

【例 7-12】用框架集结构制作淘宝网站主页，并设置超链接。制作后的界面如图 7-196 所示。

图 7-196　范例 7-12

具体操作：

步骤一：建立框架页面布局。

(1) 在站点资源文件夹"7-12"下新建一个文档，命名为 mainframe.html。

(2) 在"插入"面板的"布局"|"框架"选项中选择"顶部框架"(如图 7-197 所示)，文档窗口被分割成上下结构的两个框架。

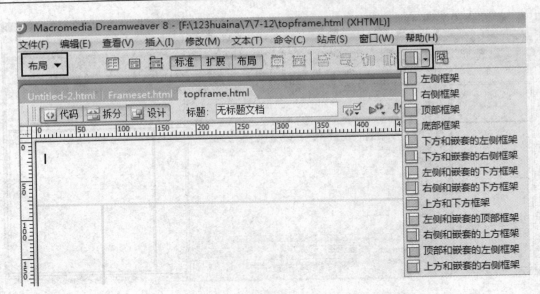

图 7-197　框架结构

(3) 光标放在下面的框架中，选择"左侧框架"(如图 7-197 所示)，建立一个左右结构的子框架集。

(4) 光标放在右侧的框架中，选择"右侧框架"(如图 7-197 所示)，在右侧框架中嵌套一个左右结构的子框架集。

(5) 执行"文件"|"保存全部"命令，分别保存框架集和框架，它们见名知义的文件名是 frameset.htm、mainframe.htm、leftframe.htm、topframe.htm 和 rightframe.html，如图 7-198 所示。

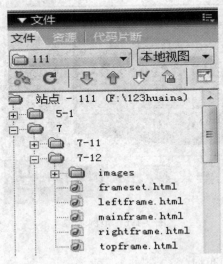

图 7-198　保存文件

步骤二：设置框架属性。

(1) 设置页面属性。将光标分别置于顶端框架(topFrame)、左边框架(leftframe)、右侧框架(rightframe)和主框架(mainframe)中，执行"修改"|"页面属性"命令，设置"外观"

中"左边距"和"上边距"为 0 像素，这样添加的内容与框架边界吻合，无缝隙。如图 7-199 所示。

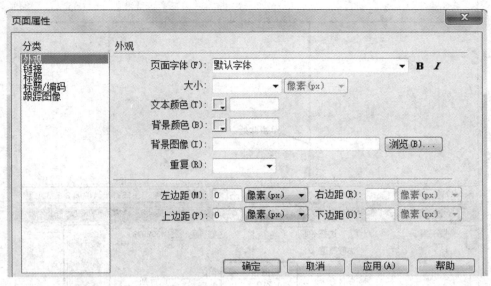

图 7-199 页面属性设置

(2) 设置 topFrame 框架属性。单击顶部框架的下边界线，在"框架集"属性面板中，设置顶部框架的行值为 192 像素，如图 7-200 所示。

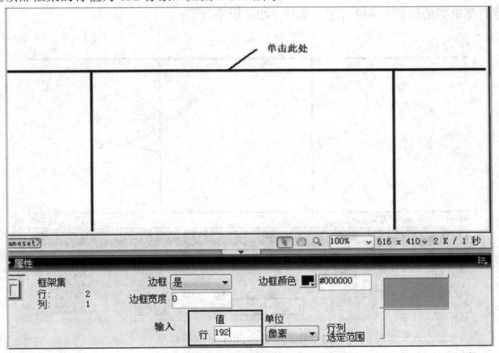

图 7-200 设置 topframe 框架属性

(3) 设置 leftFrame 框架属性。单击左侧框架的右边界线，在"框架集"属性面板中，设置左侧框架的列值为 210 像素，如图 7-201 所示。

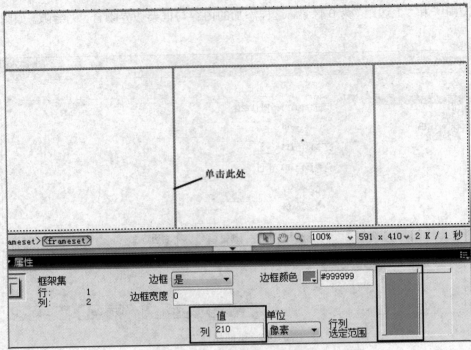

图 7-201　设置 leftframe 框架属性

　　(4) 设置 rightFrame 框架属性。单击右侧框架的左边界线，在"框架集"属性面板中，设置右侧框架的列值为 442 像素，如图 7-202 所示。

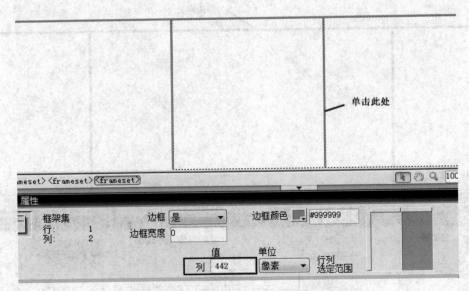

图 7-202　设置 rightframe 框架属性

　　步骤三：框架中插入图片。如图 7-203 所示。

　　(1) 单击顶部框架(topframe)，插入图片 top.png。

　　(2) 单击左侧框架(leftframe)，插入图片 left.png。

(3) 单击主框架(mainframe)，插入图片 main.png。

(4) 单击右侧框架(rightframe)，插入图片 right.png。

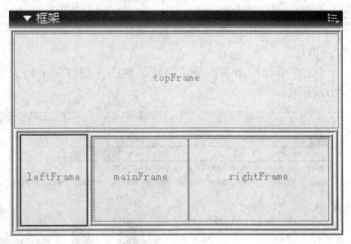

图 7-203　框架面板

步骤四：创建链接页面。

(1) 在站点资源文件夹"7-12"下新建一个文档，命名为 nvzhuang.html。双击打开，在页面中插入图片 nvzhuang.png。

(2) 单击左侧框架内的图片 left.png，选择图像属性面板中的"地图"工具(又称为热点工具)，如图 7-204 所示，选择图片的第一行文字"女装/男装/内衣"(如图 7-205 所示)，并设置该热点链接到 nvzhuang.html，目标为 mainframe(如图 7-206 所示)。

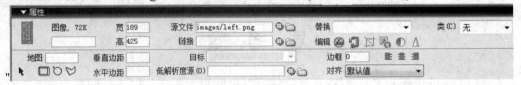

图 7-204　图像属性

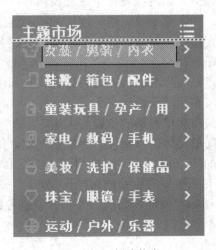

图 7-205　创建热点

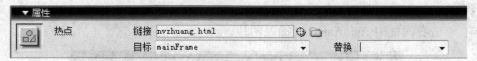

图 7-206　热点属性

步骤五：保存预览。

执行"文件"|"保存全部"命令，预览网页，单击左侧框架中的文字"女装/男装/内衣"，效果如图 7-207 所示。

图 7-207　链接效果

思 考 题

1．在 Dreamweaver 中，有哪几种方法可以为网页元素定位以进行网页布局？

2．如何建立一个标准表格？如何在表格中嵌套表格？

3．如何选中表格的行、列、单个单元格、连续的或不连续的单元格以及整个表格？

4．比较标准表格与单元格的"属性"面板的差别，叙述各属性的含义。

5．如何为表格数据排序？

6．布局表格有什么特点？与标准表格相比有什么优势和不足？

7．如何建立布局表格与布局单元格？

8．如何调整布局表格与布局单元格的位置与大小？

9．比较布局表格与布局单元格的"属性"面板的差别，叙述各属性的含义。

10．层有什么特点？与标准表格、布局表格相比，功能上有什么优势和不足？

11．在"层"面板中，对层可以进行哪些属性设置？

12．比较单个层与多个层的"属性"面板的差别，叙述各属性的含义。

第 8 章　网　页　特　效

网页特效是用程序代码在网页中实现特殊效果或者特殊功能的一种技术，是用网页脚本(javascript、vbscript)来编写制作动态特殊效果的。

8.1　使用行为实现特效

行为(Behaviors)是事件(Event)和动作(JavaScript Action)的组合。

通俗地描述，事件是在特定的系统时间用户在发出指令或者在计算机上进行的一些操作，例如，网页下载完毕、网页错误、用户按键或是单击鼠标等；而动作是在事件发生后，所触发并执行的一系列处理动作，例如，打开新的浏览器窗口、弹出菜单、播放音乐、变换图像、图像还原和跳转到另一个网页等。

用专业的语言描述，对象(网页元素，如图片、文字等)是产生行为的主体，事件是触发动态效果的条件，如 OnMouseOut(鼠标离开)、OnLoad(网页被载入时)等，动作是预先写好的 JavaScript 脚本程序，当浏览者触发网页对象事件后，这段程序即开始执行，如鼠标滑动到图片上方时图片发生变换，页面加载后播放背景音乐等，即行为通过动作完成动态效果。在 Dreamweaver 中包含了若干种常用的预定义行为，用户不需要编写代码就可以很方便地使用这些行为，轻松地制作出许多复杂的动态效果。

8.1.1　添加和编辑行为

1．添加行为

可以为网页元素或者整个网页添加行为。给对象添加一个行为，应执行以下操作：

(1) 选择一个页面元素，例如一个图像或一个链接。如果要把一个行为添加到整个页面中，可在文档窗口底部左侧的标签选择器中单击<body>标签。

(2) 执行"窗口"|"行为"命令，打开"行为"面板。选定对象的标签将出现在"行为"面板的标题栏上。行为加载在页面上，如图 8-1 所示；行为加载在图像上，如图 8-2 所示。

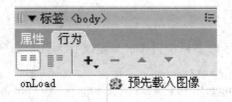

图 8-1　显示当前选定的对象是页面<body>

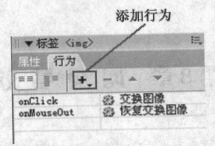

图 8-2 行为加载在图像上

(3) 单击 "行为" 面板中的加号按钮(如图 8-2 所示)，在弹出菜单中选择一个动作，并为该动作输入所需的参数。

(4) 触发动作的默认事件在事件栏(Events)中出现。如果相关对象没有出现，或选定对象不能接受事件，可以单击 "行为" 面板按钮下的 "显示事件" 子菜单，选择较高版本的浏览器。

2. 编辑行为

在附加一个行为以后，用户可以根据需求改变触发动作的事件，增加或删除动作，并为动作改变参数。行为的编辑包括如下操作：

(1) 编辑一个动作的参数：双击动作名，在弹出的对话框中改变参数。

(2) 改变用于一个特定事件的动作的顺序：选择动作后单击向上箭头按钮▲或向下箭头按钮▼。

(3) 删除一个行为：选中 "行为" 并单击减号按钮 "一" 或按 Delete 键删除。

(4) 修改事件：选中 "行为"，然后单击在事件名右边的向下箭头，在弹出的菜单中选择其他事件，如图 8-3 所示。

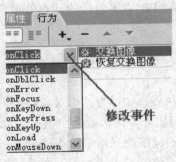

图 8-3 修改事件

8.1.2 预定义行为

Dreamweaver 8 提供了许多系统自带的预定义行为，它们列在 "行为" 面板的加号按钮+.弹出菜单中，包括如下内容：

(1) 交换图像(Swap Image)：可以通过改变 img 标签的 src 属性将一幅图像变换为另外一幅图像，使用此行为可以创建按钮变换和其他图像效果等，包括一次变换多幅图像。

(2) 弹出信息(Popup Message)：弹出 JavaScript 警告框，只能向用户提供信息，不能由用户作出选择。

(3) 恢复交换图像(Swap Image Restore)：将交换图像还原为其初始图像，当将 Swap Image 行为附加到对象上时，本行为将自动添加而无须人工选择，见例 7-12。

(4) 打开浏览器窗口(Open Browser Window)：可在新的浏览器窗口打开一个网页文档，并定义窗口属性。若要实现网页加载时弹出广告条，应将行为附加到 <body>对象上。

(5) 拖动"AP 元素"(Drag Apdiv)：允许用户进行拖动"AP 元素"的操作，应注意在选中层中对象后该行为才高亮显示。使用此动作可以创建动脑筋谜题、拼图游戏、滑动控件和其他可移动用户界面元素。

(6) 控制 Shockwave 和 Flash (Control Shockwave or Flash)：可以播放、停止、回退或转到 Shockwave 或 Flash 动画中的帧。

(7) 播放声音(Play Sound)：可以在网页中播放声音，例如可以在用户移动到超链接时具有声音效果，或在页面载入时播放背景音乐。

(8) 改变属性(Change Property)：可以改变某个对象属性的值，例如层的背景颜色或图像的大小等，可以改变对象的哪些属性将由浏览器决定。

(9) 时间轴(Timeline)：包含 3 个动作，分别是停止时间轴、播放时间轴、转到时间轴帧，可以控制时间轴的播放、停止、跳转到时间轴的某帧。

(10) 显示-隐藏层(Show-Hide Apdiv)：可以显示、隐藏一个或多个层。当用户和页面产生交互时，此动作常用于显示信息，见例 7-11。

(11) 显示弹出式菜单(Show Pop-Up Menu)：可用来制作弹出式菜单。

(12) 检查插件(Check Plugin)：可以根据访问者是否安装了指定的插件(如 Flash 或 Shockwave)来决定是否将用户引导到其他页面。

(13) 检查浏览器(Check Browser)：可以根据访问者所使用的浏览器类型和版本跳转到不同的网页。

(14) 检查表单(Validate Form)：检查指定文本域的内容以确保用户输入数据类型正确。

(15) 设置导航栏图像(Set Nav Bar Image)：当页面中有导航栏时，设置或修改导航栏。

(16) 设置文本(Set Text)：包含 4 个子菜单，分别是设置层文本(Set Text of Layer)、设置文本域文本(Set Text of Text Field)、设置框架文本(Set Text of Frame)、设置状态栏文本(Set Text of Status Bar)。这些文本都可以包含有效的 XHTML 代码，也可以嵌入任何有效的 JavaScript 函数调用、属性、全局变量或其他文本表达式。

(17) 调用 JavaScript (Call JavaScript)：当事件发生时指定执行的自定义函数或 JavaScript 代码行，见例 7-5。

(18) 跳转菜单(开始)(Jump Menu (Go))：可用来设置跳转菜单，见例 7-9。

(19) 转到 URL(Go To URL)：可以在当前窗口或指定框架中打开一个新页面，此动作对于通过一次单击改变两个或两个以上框架的内容特别有用，见例 7-8。

(20) 隐藏弹出式菜单(Hide Pop-Up Menu)：可用来隐藏弹出式菜单。

(21) 预先载入图像(Preload Images)：可以将图像预先下载到浏览器缓存中，当图像需要显示时就能快速显示。可以在 body 对象上加载该行为。

(22) 显示事件(Show Events)：可选择不同版本的浏览器。

常用的鼠标事件，如表 8-1 所示。

表 8-1　鼠　标　事　件

事　件	描　　述
onclick	事件会在对象被点击时发生
onload	事件会在页面或图像加载完成后立即发生
onunload	事件会在用户退出页面时发生
onkeydown	事件会在用户按下一个键盘按键时发生
onkeypress	事件会在键盘按键被按下并释放一个键时发生
onmouseover	事件会在鼠标指针移动到指定的对象上时发生
onmouseout	事件会在鼠标离开时发生
onmouseup	事件会在鼠标按键被松开时发生
onfocus	事件会在元素获得焦点时发生

8.1.3　实例一：改变属性行为

【例 8-1】　"改变属性"行为实例。鼠标移动到图片上方，图片放大一倍，鼠标移开，图片恢复原来的大小。

具体操作如下。

步骤一：创建文件。

(1) 在站点资源文件夹"8-1"下，新建文件 8-1.html。

(2) 在页面 8-1.html 的设计视图下，输入文本"学习改变属性行为"，在"属性"面板中设置格式为"标题 1"，居中对齐。

(3) 在文本下方插入图片 8-1.jpg，居中对齐。如图 8-4 所示。

图 8-4　初始状态图片 1

步骤二：为图片附加行为。

(1) 选中图片，在"属性"面板中为图片命名为 img1，如图 8-5 所示。

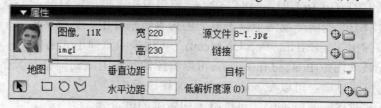

图 8-5　图片命名为 img1

注意：若没有先给该图像命名，而给图片附加"改变属性"行为后，会弹出如图 8-6 所示的窗口，提示"只能更改*已命名的*对象"，因此必须先给所选的对象命名。

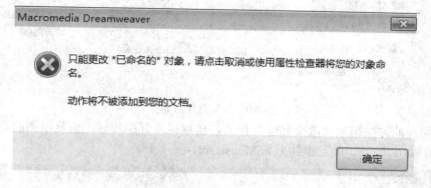

图 8-6　提示为对象命名

(2) 选中图片，单击"行为"面板中的加号按钮 +，选择"改变属性"行为，弹出改变属性设置窗口。选择"对象类型"为 IMG、"命名对象"为 img1、输入欲改变的属性为宽度 width、新的值为 440(加倍)，如图 8-7 所示。

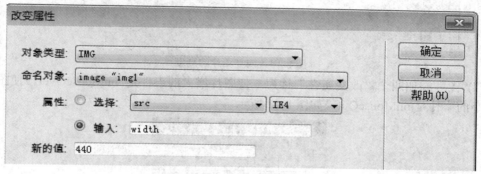

图 8-7　改变图片的宽度

(3) 在"行为"面板中修改事件为 onMouseOver。

(4) 同样的方法改变图片的 height(高度)为 460(加倍)(如图 8-8 所示)，事件为 onMouseOver。

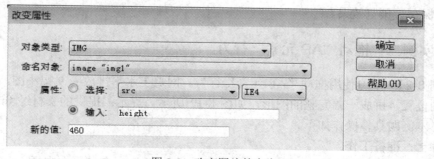

图 8-8　改变图片的高度

(5) 同样的方法附加"改变属性"行为，使鼠标离开图片时，恢复原图的宽度 220 像素(如图 8-9 所示)。触发事件为 onMouseOut。

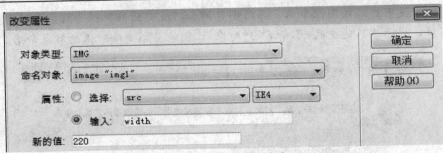

图 8-9　恢复图片的宽度

(6) 同样的方法附加"改变属性"行为，使鼠标离开图片时，恢复原图的高度为 230 像素(如图 8-10 所示)。触发事件为 onMouseOut。

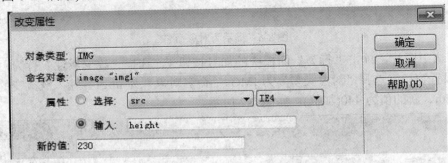

图 8-10　恢复图片的高度

(7) 图片添加四个"改变属性"行为，使图片增大的事件是 onMouseOver，使图片恢复大小的事件是 onMouseOut，如图 8-11 所示。

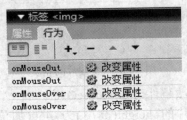

图 8-11　行为面板

(8) 保存、预览效果。

8.1.4　实例二：拖动"AP 元素"行为

【例 8-2】　学习使用拖动"AP 元素"行为。网页上水平排放着 9 幅小图，拖动它们到合适的位置，拼成一幅完整的图形，如图 8-12 所示。提示：提供的素材经 fireworks 切片处理。本例题具体操作如下。

步骤一：准备工作。

(1) 站点资源文件夹在"8-2"中新建空白页面 8-2.htm，在该页面中插入一个 3 行 1 列的表格，宽度为 300 像素，边框、间距和填充均为 0，表格居中对齐。

(2) 在表格的第一行中输入"学习拖动 AP 元素行为"，在"属性"面板上设置"格式"

为"标题 2"，居中对齐，在表格的第 3 行中输入"拼图游戏"，居中对齐。光标放入表格的第 2 行，执行"插入"|"图像对象"|"Fireworks html"命令，在弹出的对话框中选择"image"文件夹下的 img8-2.html 文件，单击"确定"按钮后，弹出如图 8-12 所示的窗口。

图 8-12　初始状态

步骤二：表格转换为层。

(1) 执行"修改"|"转换"|"将表格转换为 apDiv"命令，将弹出如图 8-13 所示的对话框，选择"防止重叠"和"显示层面板"命令。

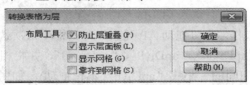

图 8-13　"转换表格为层"对话框

(2) 单击"确定"按钮，页面中的图片，经前期切片后放入表格中，表格中每一个有内容的单元格转换为一个层，每一个层互相不重叠，层面板(如图 8-14 所示)显示表格已转换成多个层，每个层都有名称，其中 apDiv2～apDiv10 的 9 个层是原图片的 9 个小图所在的层。

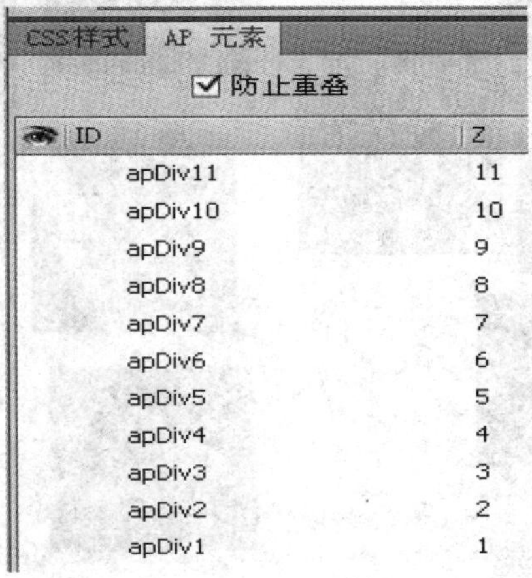

👁	ID	Z
	apDiv11	11
	apDiv10	10
	apDiv9	9
	apDiv8	8
	apDiv7	7
	apDiv6	6
	apDiv5	5
	apDiv4	4
	apDiv3	3
	apDiv2	2
	apDiv1	1

图 8-14　层面板

步骤三：添加"拖动 AP 元素"行为。

(1) 在文档的状态栏中选中<body>标签，单击"行为"面板中的+.按钮，选择"拖动 AP 元素"行为，弹出的对话框如图 8-15 所示的设置。其中，"AP 元素"下拉列表中选择拖动的目标层，"移动"下拉列表选择拖动的范围"不限制"，单击"取得目前位置"按钮，可以得到图像的当前位置坐标，"放下目标"文本框中就自动填入目标位置，"靠齐距离"是指当拖动的层到达距离目标位置小于文本框中的值时，层会自动吸附到目标位置。

图 8-15 设置拖动 AP 元素参数

(2) 此时，在行为面板中会发现，标签<body>上增加了一个行为 onLoad，如图 8-16 所示。

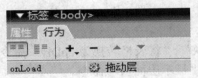

图 8-16 添加行为

(3) 重复上述(1)(2)操作，在"拖动 AP 元素"对话框中依次选中"apDiv3"、"apDiv4"、"apDiv5"、"apDiv7"、"apDiv8"、"apDiv9"、"apDiv10"，并将相应的"AP 元素"拖到任意位置(为了便于拼图，中间的一小块"apDiv6"不作拖动)，如图 8-17 所示。

图 8-17 将"AP 元素"拖动到任意位置(除了"apDiv6")

(4) 选择<body>标签,在行为面板中共添加了 8 个行为,如图 8-18 所示。

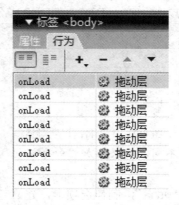

图 8-18 行为面板添加共 8 个行为

(5) 保存网页,按 F12 键浏览。

8.1.5 实例三:显示-隐藏元素行为

【例 8-3】 学习使用"显示-隐藏元素行为",制作图片转换显示的效果。单击不同的数字,显示不同的图片。具体操作如下。

步骤一:创建文件。

在站点资源文件夹"8-3"下,新建文档 8-3.html。

步骤二:建立三个 apDiv,插入图片。

(1) 执行"编辑"|"首选参数"|"不可见元素"命令,选中"AP 元素锚记"前的复选框,以便后续操作中通过 AP 元素锚记⬚选择层。

(2) 插入第一个 apDiv1,宽度为 750 像素,高度为 291 像素,层属性如图 8-19 所示,并在 apDiv1 中插入图片 1.jpg。

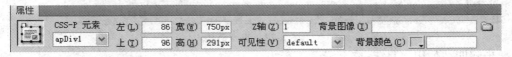

图 8-19 层 apDiv1 属性

(3) 在第一个 apDiv1 的位置再插入第二个 apDiv2 和第三个 apDiv3。3 个 AP 元素的属性完全相同,如图 8-19 所示,这样 3 个"AP 元素"就完全重叠。执行"窗口"|"层"命令,在弹出的"AP 元素"面板(如图 8-20 所示)中,选择 apDiv2,插入图片 2.jpg;选择 apDiv3,插入图片 3.jpg。

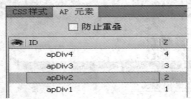

图 8-20 层面板

(4) 选中 apDiv1，执行"插入"|"命名锚记"命令，在弹出的对话框(如图 8-21 所示)中定义锚记名称为 a。采用相同的方法，在 apDiv2、apDiv3 中分别插入名称为 b 和 c 的锚记。

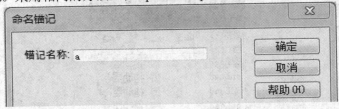

图 8-21 "命名锚记"对话框

注意： 不同版本的效果图不同，如果添加"命令锚记"后，导致 AP 元素消失，可省略此步骤。

步骤三：建立第四个"AP 元素"，制作选项卡，建立超链接。

(1) 在上述 3 个"AP 元素"的右下角插入 apDiv4"AP 元素"，如图 8-22 所示，并插入图片 ka.gif。

图 8-22 apDiv4 的位置

(2) 为图片 ka.gif 上的数字 1、2、3 上分别制作矩形热点，热点 1 的属性中链接设置为"a"，如图 8-23 所示。采用相同方法，热点 2 的属性中链接设置为"b"，热点 3 的属性中链接设置为"c"。

图 8-23 热点链接

步骤四：使用"显示-隐藏元素"行为。

(1) 执行"窗口"|"行为"命令。

(2) 选中数字"1"上的热区，在其上添加"显示-隐藏元素"行为，参数设置如图 8-24 所示，即选中 apDiv1 元素单击"显示"按钮，分别选中 apDiv2 元素和 apDiv3 元素单击"隐藏"按钮。

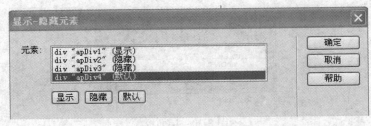

图 8-24 设置"显示-隐藏元素"行为

(3) 选中数字"2"上的热区，在其上添加"显示-隐藏元素"行为，参数设置如图 8-25 所示。即选中 apDiv2 元素单击"显示"按钮，分别选中 apDiv1 元素和 apDiv3 元素单击"隐藏"按钮。

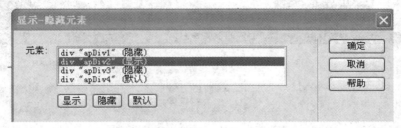

图 8-25　设置"显示-隐藏元素"行为

(4) 选中数字"3"上的热区，在其上添加"显示-隐藏元素"行为，参数设置如图 8-26 所示。即选中 apDiv3 元素单击"显示"按钮，分别选中 apDiv1 元素和 apDiv2 元素单击"隐藏"按钮。

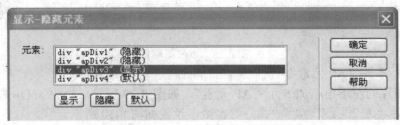

图 8-26　设置"显示-隐藏元素"行为

步骤五：保存，预览效果如图 8-27 所示。

图 8-27　范例

8.1.6　实例四：显示-隐藏层行为

【例 8-4】 学习使用"显示-隐藏元素行为"，制作网络相册，其特点是鼠标指向小图的同时，可以自动浏览到大图，或得到文字说明，使欣赏相册更加轻松。提示：提供的素材经 fireworks 切片处理。本例题具体操作如下。

步骤一：准备工作。

(1) 在站点资源文件夹"8-4"下，放入素材 imges，新建文件 8-4.html。

(2) 打开文件 8-4.html，执行"插入"|"图像"命令，在弹出的对话框中，选择文件夹"images"下的图片 background.png，居中对齐。如图 8-28 所示。

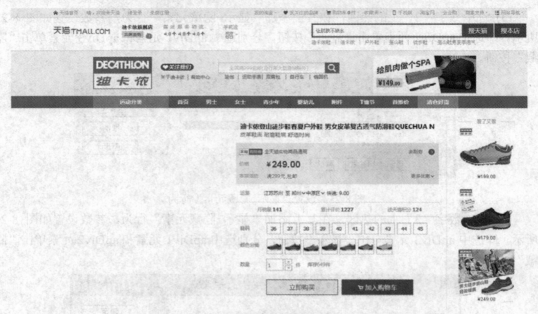

图 8-28 添加图片

步骤二：添加"AP 元素"。

(1) 在图片的左下角添加 5 个"AP 元素"，如图 8-29 所示。选中 apDiv1，修改"AP元素"的属性"左""上""宽""高"等参数，设置如图 8-30 所示。

图 8-29 添加层

图 8-30 AP 元素 apDiv1 的属性

(2) 执行"窗口"|"AP 元素"命令，弹出 AP 元素面板，按压 Shift 键，从"AP 元素"面板中依次选择 apDiv2、apDiv3、apDiv4、apDiv5 和 apDiv1(注意：选择"AP 元素"的顺序不要打乱，要以最后的"AP 元素"为标准修改"AP 元素"属性)，执行"修改"|"排列顺序"命令，依次选择"设成宽度相同""设成高度相同"、"左对齐"、"对齐上缘"。设置后 5 个"AP 元素"将完全重叠。

(3) 从"AP 元素"面板中选中 apDiv1，鼠标单击"AP 元素"内空白位置，将光标置于 apDiv1 内，插入图片 1.jpg。采用相同的方法，在 apDiv2 中插入图片 2.jpg，在 apDiv3 中插入图片 3.jpg，在 apDiv4 中插入图片 4.jpg，在 apDiv5 中插入图片 5.jpg。对应的代码如下：

```
<div id = " apDiv 1"><img src = "images/1.jpg" width = "430" height = "430" /></div>
<div id = " apDiv 2"><img src = "images/2.jpg" width = "430" height = "430" /></div>
<div id = " apDiv 3"><img src = "images/3.jpg" width = "430" height = "430" /></div>
<div id = " apDiv 4"><img src = "images/4.jpg" width = "430" height = "430" /></div>
<div id = " apDiv 5"><img src = "images/5.jpg" width = "430" height = "430" /></div>
```

(4) 在 5 个"AP 元素"的下方插入第 6 个"AP 元素"，如图 8-31 所示。apDiv 6 的属性设置如图 8-32 所示。

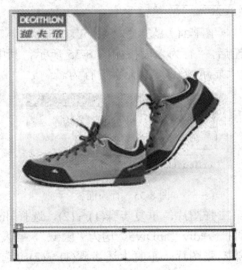

图 8-31　插入第 6 个层

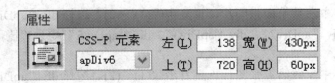

图 8-32　AP 元素 apDiv6 的属性

(5) 光标放入"AP 元素"apDiv6 中，插入一个 1 行 5 列的表格，表格宽度为 430 像素，高度为 60 像素，边框、填充、间距均为 0。然后在 5 个单元格内分别插入图片 1s.jpg、2s.jpg、3s.jpg、4s.jpg、5s.jpg，如图 8-33 所示。

图 8-33　层 apDiv 6 中添加图片

步骤三：给图片附加"显示–隐藏元素"行为。

(1) 选择 AP 元素 apDiv6 中的左数第一张图片，单击"行为"面板中的"添加行为" ＋按钮，在弹出的菜单中选择"显示–隐藏元素"选项，在弹出的对话框中，选择 div "apDiv1" 为"显示"，div "apDiv2"～div "apDiv5" 均为"隐藏"。此操作的意思是：点击第一张 小图时，上面 AP 元素中显示 apDiv1 中的图片 1.jpg，其他 AP 元素及内容均隐藏。

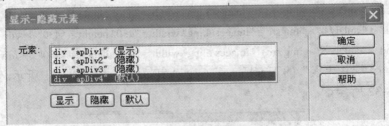

图 8-34　显示-隐藏 AP 元素对话框

(2) 单击"确定"按钮后，"行为"面板如图 8-35 所示，其中，"onMouseOver"的含 义是"鼠标经过时"触发"显示–隐藏 AP 元素"行为。

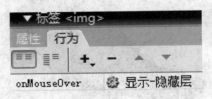

图 8-35　行为面板

(3) 选择表格中左数第二张图片，重复步骤(1)～(2)，选择 div "apDiv2" 为"显示"，div "apDiv1"、div "apDiv 3"～div "apDiv5" 均为"隐藏"，触发事件为"onMouseOver"。

(4) 选择表格中左数第三张图片，重复上述步骤(1)～(2)，选择 div "apDiv3" 为"显 示"，div "apDiv1"、div "apDiv2"、div "apDiv4"、div "apDiv5" 均为"隐藏"，触发事 件为"onMouseOver"。

(5) 选择表格中左数第四张图片，重复步骤(1)～(2)，选择 div "apDiv4" 为"显示"，div "apDiv1"、div "apDiv2"、div "apDiv3"、div "apDiv5" 均为"隐藏"，触发事件为 "onMouseOver"。

(6) 选择表格中左数第五张图片，重复步骤(1)～(2)，选择 div "apDiv5" 为"显示"，div "apDiv1"～div "apDiv4" 均为"隐藏"。触发事件为"onMouseOver"。

步骤四：保存、预览。

保存网页，按 F12 键浏览网页。当鼠标经过小图的时候，上面将显示对应的大图介绍，如图 8-36、图 8-37 所示。

图 8-36　鼠标经过第三张小图

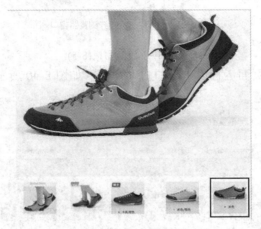

图 8-37　鼠标经过第五张小图

8.1.7　实例五：打开浏览器窗口行为

【例 8-5】　学习使用"打开浏览器窗口"行为，即网页加载时自动弹出的广告窗口。具体操作如下。

步骤一：准备工作。

(1) 在站点资源文件夹"8-5"下，放入图片素材，然后新建两个空白文件，分别命名为 8-5.html 和 ad.html。

(2) 打开文件 8-5.html，在页面中插入图片 bg.png；打开文件 ad.html，在页面中插入图片 ad.png，保存页面。

步骤二：制作网页加载时自动弹出广告。

(1) 选中文档 8-5.html 设计视图下状态条中的<body>标签，单击"行为"面板的加号按钮➕，为<body>附加"打开浏览器窗口"行为，参数设置如图 8-38 所示。其中，窗口宽度为 300 像素，高度为 271 像素，这个值的设定可以参考图片 ad.png 的大小，"属性"选项可以自行选择。

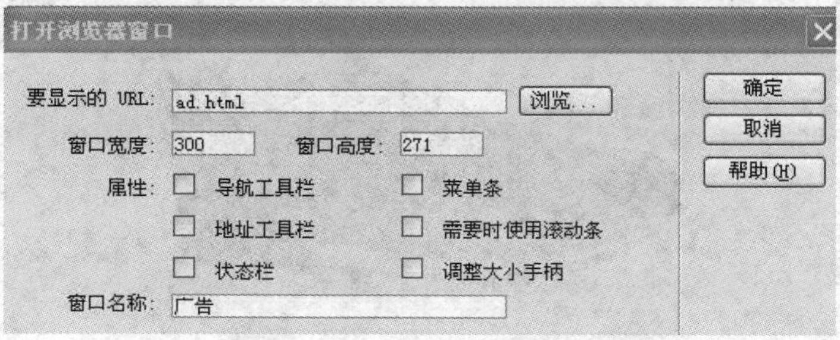

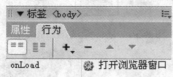

图 8-38 浏览器窗口设置

(2) 查看"行为"面板，确认附加在<body>上的"打开浏览器窗口"行为由 onLoad 事件触发，如图 8-39 所示。

图 8-39 行为面板(8-5)

(3) 保存，预览。页面运行广告窗口自动弹出，如图 8-40 所示。

图 8-40 弹出广告

8.2 使用 Spry 实现特效实例

Spry 框架是一个 JavaScript 库。有了 Spry，就可以使用 HTML、CSS 和极少量的 JavaScript 将 XML 数据合并到 HTML 文档中，创建构件(如折叠构件和菜单栏)，向各种页面元素中添加不同种类的效果。

执行"插入"|"Spry"命令，可以看到 Spry 框架的组件，其中有 5 个常用组件，即

"Spry 菜单栏""Spry 选项卡式面板""Spry 折叠式""Spry 可折叠面板""Spry 工具提示"，如图 8-41 所示。

图 8-41　Spry 组件

8.2.1　Spry 应用实例(一)

【例 8-6】　通过本实例来学习和掌握 Spry 的使用方法，体会 Spry 给网页带来的活力和互动效果。本例题涉及 Spry 的 4 个常用组件"Spry 选项卡式面板""Spry 折叠式""Spry 可折叠面板""Spry 工具提示"。页面效果如图 8-42 所示。

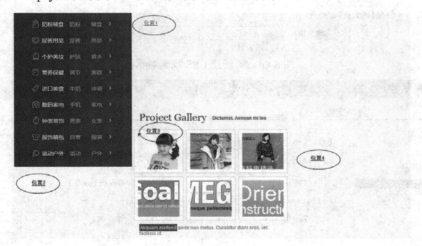

图 8-42　插入 Spry 的位置

步骤一：准备工作。

打开站点资源文件夹 "8-6" 下的初始文件 8-6.html。

步骤二：插入 "Spry 选项卡面板"。

(1) 将光标定位于图 8-42 中指定"位置 1"所在的单元格内，执行"插入"|"布局对象"|"Div 标签"命令，弹出如图 8-43 所示的对话框，设置 ID 为"id = div1"。单击图

8-43 中的"新建 CSS 规则"按钮，在弹出的对话框中设置相应的选项，如图 8-44 所示，单击"确定"按钮后，在弹出的对话框中，定义"定位"选项下的 Position 属性为"relative"，如图 8-45 所示。

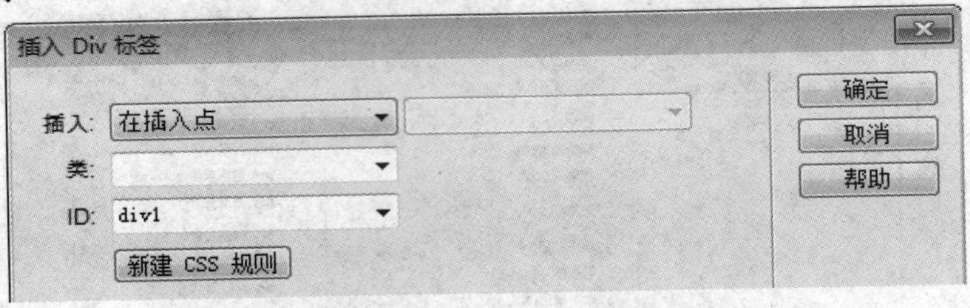

图 8-43　"插入 Div 标签"对话框

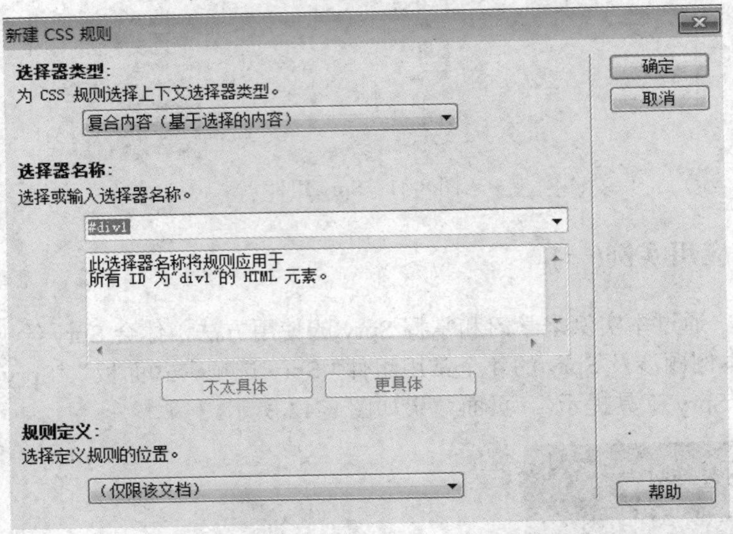

图 8-44　"新建 CSS 规则对话框

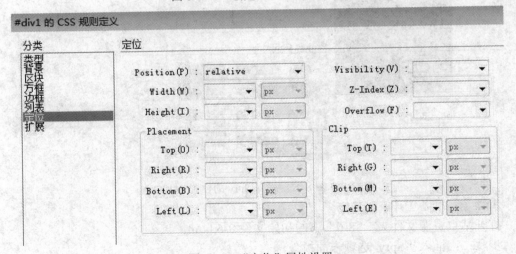

图 8-45　"定位"属性设置

(2) 选取并删除插入 div1 层由系统自动生成的文字"此处显示　id "div1" 的内容"，执行"插入"|"Spry"|"Spry 选项卡面板"命令，插入 Spry 后，如图 8-46 所示。

图 8-46 插入 Spry 选项卡面板

(3) 将鼠标置于选项卡式面板上，单击其蓝色标签(即图 8-46 中的文字"Spry 选项卡式面板：TabbedPanels1"的位置)，在下方的属性面板中出现相应的选项卡属性，单击"+"或"–"，可以增加选项卡，如图 8-47 所示。

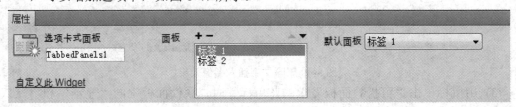

图 8-47 增减选项卡

(4) 将选项增加为 3 项，然后选中图 8-46 中选项卡面板中的选项文字"标签 1"，修改为"日常百货"，选项卡面板 3 个选项修改内容分别为"日常百货""婴儿用品""进口美食"。

单击选项卡"日常百货"上的"眼睛"，删除下方的文字"内容 1"，在此位置插入图片"images/8.jpg"，同样，"婴儿用品"对应图片"images/6.jpg"，"进口美食"对应图片"images/7.jpg"，设置后如图 8-48 所示。

图 8-48 插入图像后效果

(5) 保存文件，在弹出的"复制相关文件"对话框中单击"确定"按钮，看页面效果。

提示：在插入"Spry"组件的网页中，保存文件时，系统会自动将对应的组件所需要的 CSS 和 JS 文件复制到网站文件夹中。

步骤三：插入"Spry 可折叠面板"。

(1) 将光标定位于图 8-42 中位置 2 所在的单元格内(单元格的背景图不受影响)，执行"插入"|"Spry"|"Spry 可折叠面板"命令。

(2) 点击插入的"可折叠面板"，删除文字"标签"，在此位置上插入图片"images/left.png"，删除文字"内容"，在此位置上插入图片"images/left1.png"。效果如

图 8-49。

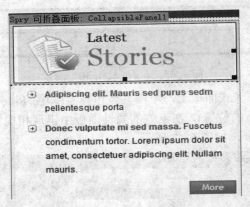

图 8-49 删除文字插入图像效果

(3) 用鼠标单击"可折叠面板"上的蓝色标签时，属性面板中的"显示"和"默认状态"属性均为"已关闭"，如图 8-50 示。

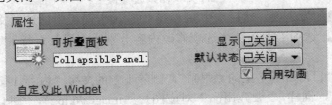

图 8-50　属性面板(spry 可折叠)

(4) 保存，预览效果。鼠标单击图"left1.png"时，下方展开图片"left2.png"，再次单击图片"left1.png"时，图片"left2.png"折叠起来。

步骤四：插入"Spry 工具提示"。

(1) 单击图 8-42 所在的单元格内的图片(如图 8-51 示)，执行"插入"|"Spry"|"Spry 工具提示"命令，在页面的最后出现"Spry 工具提示"div 层，单击该层的蓝色标签，此时其下方出现属性面板(如图 8-52 示)，勾选"跟随鼠标"选项，实现的效果是：当鼠标移动到指定图片上时，就会自动出现提示内容区域，并且该区域随着鼠标移动而移动；当鼠标移出图片时，提示内容消失。

图 8-51 选取指定图片

Spry 工具提示: sprytooltip1
此处为工具提示内容。

<body><div.tooltipContent#sprytooltip1>

属性

Spry 工具提示
sprytooltip1 触发器 #sprytrigger1 ▼

水平偏移量 显示延迟
垂直偏移量 隐藏延迟

自定义此 Widget ☑ 跟随鼠标 效果 ◉ 无 ○ 遮布 ○ 渐隐
☐ 鼠标移开时隐藏

图 8-52 属性面板

(2) 选取并删除由系统自动生成的文字"此处为工具提示内容",插入图像"images/big1.png",保存,预览网页效果,如图 8-53 所示。

图 8-53 效果图

步骤五：插入"Spry 折叠式"

(1) 将光标定位于图 8-42 中位置 4 所在的单元格内，执行"插入" | "Spry" | "Spry 折叠式"命令，页面中指定位置被插入折叠式面板，如图 8-54 所示。

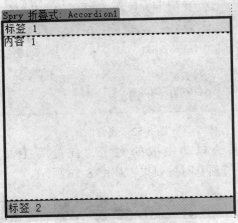

图 8-54　Spry 折叠式

(2) 单击插入的折叠式面板的蓝色标签，其下方出现对应的属性面板，如图 8-55 所示。单击"+"号，即可添加一个折叠式面板。将折叠式面板共添加为 5 个，如图 8-56 所示。

图 8-55　属性面板(Spry 折叠式)

图 8-56　效果图(Spry 折叠式)

(3) 选中图 8-46 中选项卡面板中的选项文字"标签 1"，修改为"韩都衣舍"，选项卡面板 5 个选项内容依次修改为"歌莉娅""裂帛""初语""波司登"。

(4) 单击选项卡"韩都衣舍"上的"眼睛",删除下方的文字"内容 1",在此位置插入图片"images/11.jpg",同理,"歌莉娅"对应图片"images/22.jpg","裂帛"对应图片"images/33.jpg","初语"对应图片"images/44.jpg","波司登"对应图片"images/55.jpg"。设置后,如图 8-56 所示。

(5) 保存文件,在弹出的"复制相关文件"对话框中单击"确定"按钮,查看页面效果,还不够理想,需要优化格式。

(6) 返回到 8-6.html 的设计视图下,鼠标单击折叠面板的蓝色标签(图 8-57 最上端的文字"Spry 折叠式:accordion1"),在代码视图下,可以看到该折叠面板对应的相关代码如下:

```
<div id = "Accordion1" class = "Accordion" tabindex = "0">
  <div class = "AccordionPanel">
    <div class = "AccordionPanelTab">韩都衣舍</div>
    <div class = "AccordionPanelContent">
        <img src = "images/11.png" width = "260" height = "350"> </div>
  </div>
  <div class = "AccordionPanel">
    <div class = "AccordionPanelTab">歌莉娅</div>
    <div class = "AccordionPanelContent">
        <img src = "images/22.png" width = "260" height = "350"> </div>
  </div>
  <div class = "AccordionPanel">
    <div class = "AccordionPanelTab">裂帛</div>
    <div class = "AccordionPanelContent">
        <img src = "images/33.png" width = "260" height = "350"> </div>.
  </div>
  <div class = "AccordionPanel">
    <div class = "AccordionPanelTab">波司登</div>
    <div class = "AccordionPanelContent">
        <img src = "images/55.jpg" width = "260" height = "350"> </div>
  </div>
  <div class = "AccordionPanel">
    <div class = "AccordionPanelTab">初语</div>
    <div class = "AccordionPanelContent">
        <img src = "images/44.png" width = "260" height = "350"> </div>
  </div>
</div>
```

可以看出,折叠面板是由层构成的,其表现效果由特定的 CSS 样式定义实现,因此可以通过修改这些样式的定义,实现对"Spry 折叠样式"的调整,其中,"SpryAccordion.css"

文件是"Spry 折叠样式"对应的 CSS 文件，如图 8-57 所示。

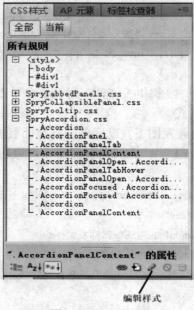

图 8-57　CSS 面板

(7) 在 CSS 面板中将 SpryAccordion.css 的各个样式展开，分别单击以下对应的 CSS 样式进行修改。选中图 8-57 中 SpryAccordion.css 下 AccordionPanelContent(内容的样式表)，单击下方"编辑样式"　，在弹出的对话框中，分别设置"区块"和"方框"属性，内容居中，方框高为 360 像素，上下填充各为 5 像素，如图 8-58、图 8-59 所示。

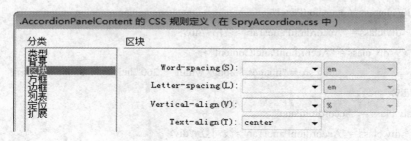

图 8-58　区块属性

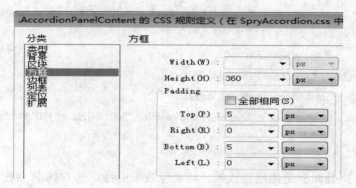

图 8-59　方框属性 1

其他样式表的样式修改，参数设置参考表 8-2。

表 8-2 CSS 样式设置

CSS 项目	参 数 调 整	描 述
Accordion1	在"分类"中选择"方框"，设置"Height"为 488px，在"分类"中选择"边框"，设置左右下边框为实线，宽度为 1 像素，颜色为灰色，如图 8-60 所示	折叠面板的整体样式
AccordionPanelTab	在"分类"中选择"类型"，设置字体色为 #FFF，在"分类"中选择"背景"，设置背景色为 #863177，在"分类"中选择"方框"，设置如图 8-61 所示，在"分类"中选择"边框"，设置如图 8-62 所示	标签文字的样式
Accordionfocused AccordionPanelTab	在"分类"中选择"类型"，设置字体色为 #FFF，在"分类"中选择"背景"，设置背景色为 #863177	定位在折叠面板上标签文字的样式
Accordionfocused AccordionPanelopen AccordionPanelTab	在"分类"中选择"类型"，设置字体色为 #FFF，在"分类"中选择"背景"，设置背景色为 #863177	定位在已打开折叠面板上标签文字的样式

图 8-60 边框属性 1

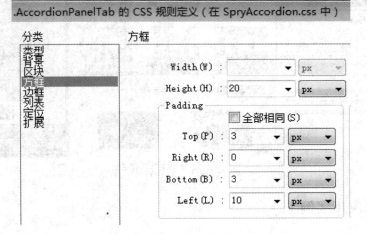

图 8-61 方框属性 2

.AccordionPanelTab 的 CSS 规则定义 (在 SpryAccordion.css 中)

图 8-62　边框属性 2

(8) 保存文件,预览查看折叠面板效果,整体网页效果如图 8-63 所示。

图 8-63　整体效果

8.2.2　Spry 应用实例(二)

使用 Spry 菜单栏可以在紧凑的空间内提供大量的导航信息,并使浏览者无需深入站点即可了解网站的总体内容。Spry 菜单栏组件便于制作一组垂直布局或者水平布局的菜单按钮，当浏览者将鼠标悬停在某个按钮时，将显示相应的子菜单。

【例 8-7】 应用 "Spry 菜单栏" 设计导航菜单。

步骤一：准备工作。

(1) 打开站点资源文件夹 "8-7" 下的初始文件 8-7.html。

(2) 将光标放入菜单预设位置的单元格内，如图 8-64 所示的 "菜单位置"，执行 "插入" | "表格" 命令，插入一个 1 行 1 列，宽度为 1211 像素，边框、填充和间距均为 0 的表格，居中对齐，表格属性如图 8-65 所示。

图 8-64 光标位置

图 8-65 属性面板

步骤二：插入 Spry 菜单栏。

(1) 将光标停留在刚插入的单元格中，执行 "插入" | "Spry" | "Spry 菜单栏" 命令，在弹出的对话框中选取 "水平" 布局方式，如图 8-66 所示。

图 8-66 水平布局方式

(2) 鼠标单击 Spry 菜单栏的蓝色标签，在属性面板中将出现 Spry 菜单栏的属性，如图 8-68 所示。通过单击 "+" 号增加主菜单项至 7 项。单击具体菜单项，在 "文本" 编辑框中输入菜单项名称；在 "链接" 中设置对应的链接地址，"目标" 用于指示超链接页面打开的位置。

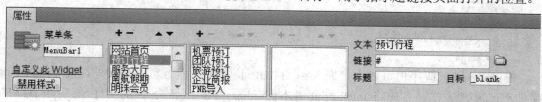

图 8-67 属性面板

(3) 添加的 7 个主菜单项分别为：网站首页、预订行程、服务大厅、南航假期、明珠会员、优惠信息、出行帮助。其中，在 "预订行程" 中添加 5 个子菜单，分别为机票预订、

团队预订、旅游预订、企业简报和 PNR 导入，"链接"处均为"#"，即为空链接。如图 8-68
所示。

图 8-68　效果图

(4) 保存文件，在弹出的"复制相关文件"对话框中单击"确定"按钮，系统会根据
插入菜单的水平布局形式，复制对应的 CSS 代码和 JS 代码。

8.3　使用 JavaScript 实现特效

JavaScript 是一种直译式脚本语言，即一种动态类型、弱类型、基于原型的语言，内
置支持类型。它的解释器被称为 JavaScript 引擎，为浏览器的一部分。JavaScript 是广泛用
于客户端的脚本语言，最早是在 HTML 网页上使用的，用来给 HTML 网页增加交互性，
提供更流畅、美观的浏览效果。它的特点如下：

(1) JavaScript 是一种解释性脚本语言(代码不进行预编译)。

(2) JavaScript 可以直接嵌入 HTML 页面，但写成单独的 JS 文件有利于结构和行为的
分离。

(3) JavaScript 具有跨平台特性，在绝大多数浏览器的支持下，可以在多种平台下运行
(如 Windows、Linux、Mac、Android、iOS 等)。

8.3.1　JavaScript 简介

JavaScript 是通过嵌入在标准的 HTML 语言中使用的，也就是说，使用 JavaScript 编
写的脚本代码必须存放在 HTML 文档中，否则它将无法运行。JavaScript 代码放在<script>
与</script>标记之间，以便将脚本代码与 HTML 标记符区分开来。Script 块可放在<head>
与</head>之间，也可以放在<body>与</body>之间。基本结构如下：

```
<script language = "JavaScript">
    JavaScript 脚本代码
</script>
```

JavaScript 代码不但可以直接嵌入到 HTML 语言中，而且可以连接外挂的 JavaScript
文件 *.js。实现方法是首先将 JavaScript 脚本保存成一个扩展名为 .js 的文件，然后在 HTML
文档中调用这个文件。采用连接外挂的 JavaScript 文件的方法，具有可修改性和可携带性，
便于在多个网页中使用。编写 *.js 脚本文件时要注意，文件中只能包含 JavaScript 代码，
不能包含 HTML 标记。

8.3.2 JavaScript 应用实例

对于网页设计人员而言，自己设计全部代码过于复杂和繁琐，目前出现的一些 JavaScript 插件较好地解决了这个问题。

jQuery 是一个快速、简洁的 JavaScript 框架，是继 Prototype 之后又一个优秀的 JavaScript 代码库(或 JavaScript 框架)。jQuery 设计的宗旨是 "write Less，Do More"，即倡导写更少的代码，做更多的事情。它封装 JavaScript 常用的功能代码，提供一种简便的 JavaScript 设计模式，优化 HTML 文档操作、事件处理、动画设计和 Ajax 交互。

jQuery 中内置了一系列的动画效果，可以开发出非常漂亮的网页，许多网站都使用 jQuery 的内置的效果，比如淡入淡出、元素移除等动态特效。下面通过实例来体验 jQuery 在网页设计中的应用。

【例 8-8】 通过 jQuery 插件给网页增加自动轮换广告和信息的横向滚动，循环展览的效果，如图 8-69、图 8-70 所示。

图 8-69　自动轮换广告效果

图 8-70　横向滚动效果

步骤一：准备工作。

(1) 打开站点资源文件夹"8-8"下的实例初始文件 8-8-1.html。

(2) 在代码视图下，鼠标放置于代码<meta http-equiv = "Content-Type" content = "text/html; charset = utf-8">后，执行"插入"|"HTML"|"脚本对象"|"脚本"命令，弹出如图 8-71 所示的对话框。单击对话框中"源"文本框后的 ▭，选择目录"8-8"的 js 文件夹下 jquery-1.7.2.min(如图 8-72 所示)，单击"确定"按钮。插入该脚本文件后，后面的其他插件就可以引用 jquery 插件中的功能。

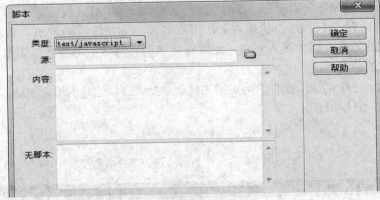

图 8-71　插入"脚本"对话框

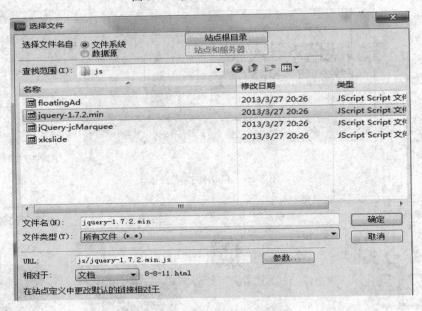

图 8-72　选择插入的文件

(3) 采用上述 js 文件插入方法，再次添加文件 jQuery-jcMarquee.js 和 xkslide.js。完成后文档中增加了二行代码，如下加下划线的语句：

    <title>唯品会</title>

    <meta http-equiv = "Content-Type" content = "text/html; charset = utf-8">

    <u><script type = "text/javascript" src = "js/jquery-1.7.2.min.js"></script></u>

```
<script type = "text/javascript" src = "js/jQuery-jcMarquee.js"></script>
<script type = "text/javascript" src = "js/xkslide.js"></script>
```

(4) 链接外部样式表。

单击"CSS 面板"中的 ⬚⬚⬚ 按钮，弹出"链接外部样式表"对话框，如图 8-73 所示，单击"浏览"按钮，选择 css 下的 marquee.css 文件(如图 8-74 所示)，该文件设置了滚动图片插件的 CSS 样式文件，用于准确控制和显示插件中的内容。单击"确定"按钮后，文档中自动生成引用 CSS 样式的相关代码：

```
<link href = "css/marquee.css" rel = "stylesheet" type = "text/css">
```

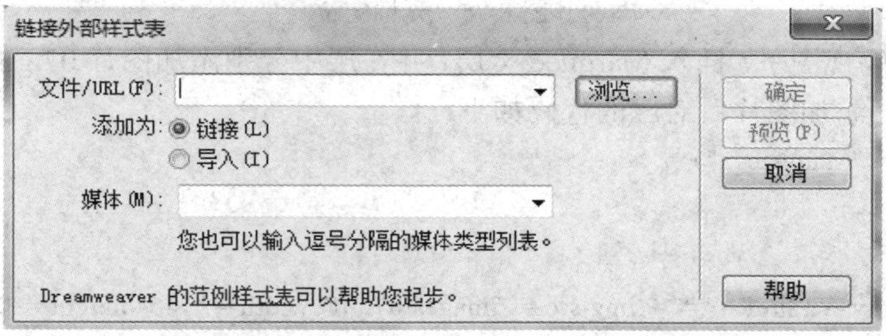

图 8-73　"链接外部样式表"对话框

图 8-74　插入 CSS 文件

(5) 采用上述 CSS 文件插入方法，再次添加文件 xkslide.css，用于控制广告轮换效果。

(6) 在代码模式下，在代码行<link href = "css/xkslide.css" rel = "stylesheet" type = "text/css">之后插入如下代码：

```
<script>
$(function(){
    $('#Marquee_x').jcMarquee({ 'marquee':'x','margin_right':'10px','speed':15 });
});
</script>
```

这段代码将在网页启动的时候指定 ID 为 Marquee_x 层调用.jcMarquee 函数，以调整该层内容的滚动方向和滚动速度。

步骤二：设置信息横向滚动效果。

(1) 涉及的文档 jQuery-jcMarquee.js 和 marquee.css 已经在步骤一中链接到文件中。

(2) 转换到"设计"视图中，光标定位于图 8-75 所示的位置。

图 8-75　光标定位

切换至代码视图下，插入 Marquee_x 层，并在层中分别添加图片 07.gif、08.gif、09.gif、10.gif、11.gif，添加图片后对应的代码如下：

```html
<div id = "Marquee_x">
 <ul>
  <li>
   <div><a href = "#"><img src = "images/07.gif" width = "145" height = "223"></a><div>
   <div><a href = "#"><img src = "images/08.gif" width = "176" height = "223"></a><div>
   <div><a href = "#"><img src = "images/09.gif" width = "175" height = "223"></a><div>
   <div><a href = "#"><img src = "images/10.gif" width = "182" height = "223"></a><div>
   <div><a href = "#"><img src = "images/11.gif" width = "154" height = "223"></a><div>
   <div><a href = "#"><img src = "images/0.8.gif" width = "176" height = "223"></a><div>
   <div><a href = "#"><img src = "images/09.gif" width = "175" height = "223"></a><div>
   <div><a href = "#"><img src = "images/10.gif" width = "182" height = "223"></a><div>
  </li>
 </ul>
</div>
```

如果效果不够理想，可以在 marquee.css 文件中调整#marquee_x 层的高度、宽度，以达到合适的效果。

(3) 保存、预览效果。

步骤三：设置广告自动轮换效果。

(1) 涉及的文档 xkslide.js 和 xkslide.css 已经在步骤一中链接到文件中。

(2) 转换到"设计"视图中，光标定位于图 8-76 所示的位置。切换至代码视图下，插入 banner 层，并在层中分别添加图片 1.png、2.png、3.png、4.png、5.png。

图 8-76　光标定位 2

添加图片后对应的代码如下：

```html
<div class = "banner">
```

```
<ul class = "bannerul">
    <li><a href = "#"><img src = "images/1.png" width = "670" height = "375" /></a></li>
    <li><a href = "#"><img src = "images/2.png" width = "670" height = "375" /></a></li>
    <li><a href = "#"><img src = "images/3.png" width = "670" height = "375" /></a></li>
    <li><a href = "#"><img src = "images/4.png" width = "670" height = "375" /></a></li>
    <li><a href = "#"><img src = "images/5.png" width = "670" height = "375" /></a></li>
</ul>
<div class = "banner"></div>
</div>
```

在使用中，如果图片大小和滚动区域不匹配，可以打开文件 xkslide.css，调整相关参数。

(3) 保存、预览效果。

思 考 题

1. 什么是 JavaScript 脚本语言，如何在网页中加入 JavaScript?

2. 如何在 HTML 语言中插入 VBScript 或 JavaScript 程序?

3. 请作出网页特殊效果，当鼠标移动的时候，有一十字架跟随其移动。

4. 什么是行为? 举例说明事件与动作的含义。如何为网页对象附加行为?

5. 如何修改或设置触发行为的事件? 如何通过提高浏览器的版本增加事件的数目?

6. 如何添加或删除行为? 如何改变执行行为的顺序?

7. 如何为网页对象附加"调用 JavaScript"行为?

8. 试试"改变属性"行为可以改变哪些对象属性。

9. 应用"拖动 AP 元素"行为时，如何设置拖动范围?

10. 使用"转到 URL"行为实现网页跳转与使用"属性"面板的"链接"文本框实现网页跳转有什么不同? 什么时候用前者? 什么时候用后者?

11. 什么时候使用"跳转菜单"行为? 如何建立"跳转菜单"?

12. "跳转菜单开始"行为与"跳转菜单"行为在功能与制作上有什么区别?

13. "打开浏览器窗口"行为的设置窗口(见图 8-38)中"属性"的 6 个复选框的含义是什么?

14. "设置框架文本"行为、"弹出信息"行为与"设置状态栏文本"行为的文本各显示在哪里?

15. 举出几个使用"显式-隐藏层"行为的例子。

16. 试区别使用"交换图像"行为时附加行为的图片、原图、交换图、恢复图的意义和设置方法。

第 9 章　网页中的多媒体

网页中的多媒体元素包括各种视听元素，不仅丰富了网页内容，而且增强了网页的感染力。其中影音文件是当前流行的多媒体网页中所包含的重要部分，主要用于在线视听、讲座、电影欣赏、音乐视频等。

本章学习如何在网页中插入和编辑多媒体对象，将要介绍的多媒体对象主要是动画、音频、视频等。

9.1　网页中的动画

动画是通过连续播放一系列画面，给视觉造成连续变化的图画。它的基本原理与电影、电视一样，都是视觉原理。医学已证明，人类具有"视觉暂留"的特性，就是说人的眼睛看到一幅画或一个物体后，在 1/24 秒内不会消失。利用这一原理，在一幅画还没有消失前播放出下一幅画，就会给人造成一种流畅的视觉变化效果。因此，电影采用了每秒 24 幅画面的速度拍摄和播放，电视采用了每秒 25 幅(PAL 制)(中央电视台的动画就是 PAL 制)或 30 幅(NSTC 制)画面的速度拍摄和播放。如果以每秒低于 24 幅画面的速度拍摄和播放，就会出现停顿现象。

动画每秒播放的帧数(f/s)称为帧率，当帧率在 20 帧以上时，人的感觉就无跳跃感。除了通过软件可以控制动画播放的速度外，计算机的微处理器时钟、内存、屏幕分辨率等均会影响动画运行的速度。

常见的动画格式类型有：

1. GIF 动画格式

GIF 图像由于采用了无损数据压缩方法中压缩率较高的 LZW 算法，文件尺寸较小，因此被广泛采用。GIF 动画格式可以同时存储若干幅静止图像并进而形成连续的动画，目前 Internet 上大量采用的彩色动画文件多为这种格式的 GIF 文件。

2. FLIC (FLI/FLC)格式

FLIC 是 Autodesk 公司在其出品的 Autodesk Animator/Animator Pro/3D Studio 等 2D/3D 动画制作软件中采用的彩色动画文件格式，FLIC 是 FLC 和 FLI 的统称，其中，FLI 是最初的基于 320×200 像素的动画文件格式，而 FLC 则是 FLI 的扩展格式，采用了更高效的数据压缩技术，其分辨率也不再局限于 320×200 像素。FLIC 文件采用行程编码(RLE)算法和 Delta 算法进行无损数据压缩，首先压缩并保存整个动画序列中的第一幅图像，然后逐帧计算前后两幅相邻图像的差异或改变部分，并对这部分数据进行 RLE 压缩，由于动画序列中前后相邻图像的差别通常不大，因此可以得到相当高的数据压缩率。它被广泛用于动画图形中的动画序列、计算机辅助设计和计算机游戏应用程序。

3. SWF 格式

SWF 是 Macromedia 公司的产品 Flash 的矢量动画格式，它采用曲线方程描述其内容，而不是由点阵组成内容，因此这种格式的动画在缩放时不会失真，非常适合描述由几何图形组成的动画，如教学演示等。由于这种格式的动画可以与 HTML 文件充分结合，并能添加 MP3 音乐，因此被广泛地应用于网页上，成为一种"准"流式媒体文件。

4. FLV 格式

FLV 是 Flash Video 的简称，FLV 流媒体格式是随着 Flash MX 的推出发展而来的视频格式。由于它形成的文件极小，加载速度极快，清晰的 FLV 视频 1 分钟在 1 MB 左右，一部电影在 100 MB 左右，是普通视频文件体积的 1/3。再加上 CPU 占有率低、视频质量良好等特点，因而在网络上盛行，使得网络观看视频文件成为可能。它的出现有效地解决了视频文件导入 Flash 后，使导出的 SWF 文件体积庞大，不能在网络上很好地使用等问题。

FLV 被众多新一代视频分享网站所采用，是目前增长最快、最为广泛的视频传播格式。FLV 格式不仅可以轻松地导入 Flash 中，速度极快，而且能起到保护版权的作用，并且可以不通过本地的微软或者 Real 播放器播放视频。

5. AVI 格式

AVI 是对视频、音频文件采用的一种有损压缩方式，该方式的压缩率较高，并可将音频和视频混合到一起，因此尽管画面质量不是太好，但其应用范围仍然非常广泛。AVI 文件目前主要应用在多媒体光盘上，用来保存电影、电视等各种影像信息，有时也出现在 Internet 上，供用户下载、欣赏新影片的精彩片段。

6. MOV、QT 格式

MOV 和 QT 都是 QuickTime 的文件格式，该格式支持 256 位色彩，支持 RLE、JPEG 等领先的集成压缩技术，提供了 150 多种视频效果和 200 多种 MIDI 兼容音响和设备的声音效果，能够通过 Internet 提供实时的数字化信息流、工作流与文件回放，国际标准化组织(ISO)最近选择 QuickTime 文件格式作为开发 MPEG 4 规范的统一数字媒体存储格式。

9.1.1　Flash 动画

Flash 又被称之为闪客，是由 macromedia 公司推出的交互式矢量图和 Web 动画的标准，由 Adobe 公司收购。网页设计者使用 Flash 可创作出既漂亮又可改变尺寸的导航界面以及其他奇特的效果。

Flash 可以包含简单的动画和视频内容，复杂演示文稿和应用程序以及介于它们之间的任何内容。通常，使用 Flash 创作的各个内容单元称为应用程序，即使它们可能只是很简单的动画，您也可以通过添加图片、声音、视频和特殊效果，构建包含丰富媒体的 Flash 应用程序。

Flash 是当前首选的制作矢量动画的软件，矢量格式十分适用于网络，它容量小，可以任意调整大小而仍保持清晰的显示效果，可以播放 MP3 高品质声音，还可为其设置超链接。

　　Flash 源文件格式的扩展名为.fla，这种类型的文件只能在 Flash 应用程序中被打开，在 Dreamweaver 或浏览器中都是无法打开的。Flash 电影文件格式的扩展名为.swf，它是 Flash 源文件的压缩版本，已经为网络浏览进行了优化。因此，这种类型的文件可以在浏览器中播放，也可以在 Dreamweaver 中预览，但是它无法在 Flash 应用程序中进行编辑。

　　Flash 动画的"属性"面板如图 9-1 所示，可以设置"自动播放""循环""品质""比例"等。在单击"参数"按钮弹出的"参数"对话框中，可以为动画输入更多的参数。

图 9-1　flash 动画的属性面板

9.1.2　插入 Flash 动画实例

　　Flash 动画可以使用 Object(用于 ActiveX 控件)和 Embed(用于插件)两种标签来插入。在使用"属性"面板对动画进行修改时，Dreamweaver 会同时在 HTML 中的 Object 标签和 Embed 标签中修改相应的参数。例如：<object 版本信息及属性>。

　　　　<param name = " movie" value = "****.swf "/>

　　　　　　<param name = " wmode" value = "transparent"/>

　　　　　　<embed src = "***.swf " 版本信息及属性 wmode = "transparent"></embed>

　　　　</object>

　　Object 标签和 Embed 标签的格式有些不同，但描述了相同的信息。

　　插入 Flash 动画时，选择"插入"面板"常用"选项卡"媒体"按钮组(如图 9-2 所示)中的 SWF 选项。

图 9-2　媒体按钮组

【例 9-1】　在网页中插入 Flash 动画，并将其背景设为透明属性，效果如图 9-8 所示。具体操作如下：

(1) 打开文件夹“9-1”中的 9-1.html 文件，切换到设计视图，如图 9-3 所示。

(2) 将光标选中图 9-3 中文字“单击此处”，删除文字后，执行“插入”|“多媒体”|SWF 命令，在弹出的对话框(如图 9-4)中选取“images/movie.swf”文件，单击“确定”按钮，保存预览，Flash 效果如图 9-5 所示。

图 9-3　设计视图

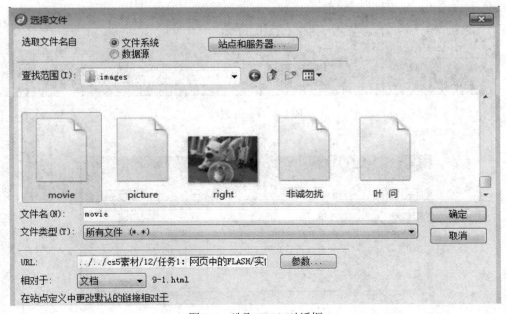

图 9-4　选取 Flash 对话框

图 9-5　Flash 初始效果

(3) 单击刚插入的 Flash 文件，在属性面板(如图 9-6)中，单击"参数"按钮，在弹出的对话框中，在"参数"列下输入 wmode(窗口模式)，在"值"列下输入 transparent(透明)。如图 9-7 所示。在 Dreamweaver CS5 版本中，可以直接在属性面板中，单击"wmode"后的列表菜单，选择"透明"选项。

注意：设置 Flash 文件为透明属性，则网页在显示的时候将不显示 Flash 本身的背景部分，这样将 Flash 叠加在单元格或层上面，则页面更具动感，这个效果经常被用于在页面上添加 Flash 广告。

图 9-6　Flash 属性

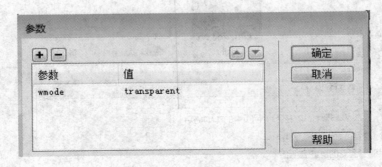

图 9-7　设置参数"wmode"

(4) 保存，按 F12 键预览效果，动画已透明，可看到后面的背景图，对比图 9-5 与图 9-8 中 Flash 部分的区别。

图 9-8 范例(9-1)

9.1.3 插入 Flash 按钮实例

Dreamweaver 提供不启动 Flash 应用程序下，定制和插入 Flash 按钮的功能。

【例 9-2】 在页面中插入 Flash 按钮。

(1) 在站点下，新建文件夹"9-2"，在其中新建文档 9-2.html，并保存，因为插入 Flash 按钮只能在保存过的网页中进行。

(2) 单击网页的空白位置，单击"插入"面板"常用"选项卡中"媒体"的"Flash 按钮"选项，弹出如图 9-9 所示的窗口。

图 9-9 插入"Flash 按钮"窗口

(3) 在图 9-9 的窗口中,首先选择"样式",在其中的"范例"框中立即可以看到该按钮的外观,然后设置按钮的其他属性,如"按钮文本""字体""大小""链接"(单击按钮后的超链接网页)"目标"(超链接的目标窗口)"背景色""另存为"(生成的 SWF 文件名)等,单击"确定"按钮,Flash 按钮保存在文件夹内,如图 9-10 所示。

注意:链接的地址设置为绝对地址。

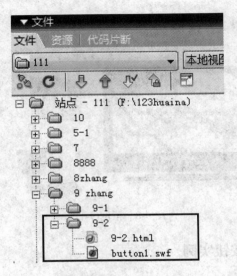

图 9-10　文件面板

(4) 与其他网页元素一样,Flash 按钮也有它的"属性"面板(如图 9-11 所示)。单击"属性"面板的"编辑"按钮,可以重新进入图 9-9 的窗口,修改各个参数。Flash 按钮"属性"面板其他参数的含义与 Flash 动画"属性"面板对应属性相同,在此不再赘述。

(5) 保存,预览。单击添加的按钮,进入链接页面。

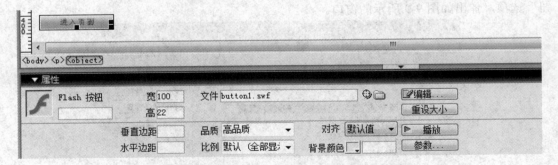

图 9-11　新建的 Flash 按钮的属性面板

9.1.4　插入 Flash 文本实例

Flash 文本与 Flash 按钮一样,是在 Dreamweaver 中定制和插入 Flash 文本对象。与普通文本不同的是,Flash 文本可以设置鼠标指向时的转滚颜色,并且自动在与网页相同的目录下生成 SWF 文件。

【例 9-3】　插入 Flash 文本。具体操作如下：

(1) 打开文件夹"9-3"中的 9-3.html 文件，切换到设计视图，如图 9-12 所示。

图 9-12　初始页面

(2) 选中页面菜单位置的文本"添加 Flash 文本 1"，删除文字，单击"插入"面板"常用"选项卡中"媒体"的"Flash 文本"选项，弹出参数设置窗口，参数设置参照图 9-13 所示。

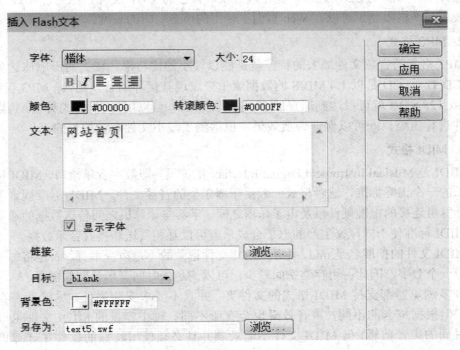

图 9-13　插入 Flash 文本设置

(3) 重复步骤(2)，分别插入 Flash 文本"上映新片""经典影片""视频中心"，效果如图 9-14 所示。

网站首页　　上映新片　　经典影片　　视频中心

图 9-14　范例(9-2)

9.2　网页中的音频

音频(Audio)是指人类能够听到的所有声音，它可能包括噪音等。声音被录制下来以后，无论是说话声、歌声、乐器声都可以通过数字音乐软件处理，或是把它制作成 CD，这时候所有的声音没有改变，因为 CD 本来就是音频文件的一种类型。而音频只是储存在计算机里的声音，如果有计算机再加上相应的音频卡——就是常说的声卡，它可以把所有的声音录制下来，那么声音的声学特性如音的高低等就可以用计算机硬盘文件的方式储存下来。

9.2.1　常见音频格式

网页中常用的音频格式包括以下几种：

1. WAV 格式

WAV 格式的音频文件具有较好的声音品质，许多浏览器都支持此格式，并且不要求安装插件，可以利用 CD、磁带、麦克风等获取自己的 WAV 文件。但是，WAV 文件容量通常较大，严格限制了可以在 Web 页面上使用的声音剪辑的长度。

2. MP3 格式

MP3 格式的音频文件最大的特点就是能以较小的比特率、较大的压缩比达到近乎完美的 CD 音质。CD 是以 1.4 MB/S 的数据流量来表现其优异的音质的，而 MP3 仅需要 112 KB/s 或 128 KB/s 就可以达到逼真的 CD 音质，所以，可以用 MP3 格式对 WAV 格式的音频文件进行压缩，既可以保证音质效果，也达到了减小文件容量的目的。

3. MIDI 格式

MIDI 是 Musical Instrument Digital Interface 的缩写，即数字音乐接口。MIDI 标准是数字音乐的一个国际标准，这种格式一般用于器乐类的音频文件。MIDI 标准规定了电子乐器与计算机连接的电缆硬件以及电子乐器之间、乐器与计算机之间传送数据的通信协议规范。MIDI 标准使不同厂家生产的电子合成乐器可以互相发送和接收音乐数据。

MIDI 文件的扩展名是.mid。由于 MIDI 文件记录的不是声音本身，而是将每一个声音记录为一个数字，因此占用存储空间较少，可以满足长时间音乐录制的需要。

许多浏览器都支持 MIDI 格式的文件夹，并且不要求安装插件。尽管其声音品质非常好，但根据声卡的不同，声音效果也会有所不同。较小容量的 MIDI 文件也可以提供较长时间的声音剪辑，但 MIDI 文件不能录制并且必须使用特殊的软件在计算机上进行合成。

4. AIF 格式

与 WAV 格式类似，AIF 格式的音频文件也具有较好的声音品质，大多数浏览器都支持，并且不要求安装插件。虽然也可以从 CD、磁带、麦克风等获取 AIF 文件，但是，该格式文件夹的容量通常也较大。

9.2.2　插入音频

网页里的音频包括背景音乐、解说词和音效。背景音乐播放时间较长，一般采用容量较小的 MP3、MID 格式文件；录制解说词时只能用 WAV 格式，如果解说词比较长，也可以转换成 MID 格式文件，音效文件一般较小，不必注重其格式。

选择"插入"面板"常用"选项卡中"媒体"选项组(如图 9-15 所示)中的 ActiveX 按钮 或"插件"按钮 都可以插入音频。

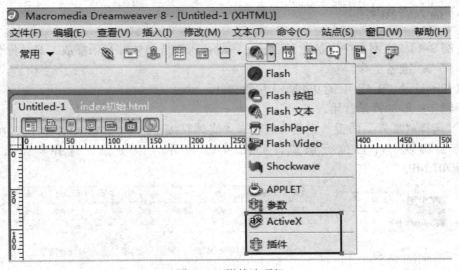

图 9-15　媒体选项组

同插入动画一样，使用 ActiveX 按钮对应 object 标签和 embed 标签，代码如下：

```
<object width = "32" height = "32">
<param name = "hidden" value = "true"/>
<param name = "autostart" value = "true"/>
<param name = "loop" value = "true"/>
<embed src = "back.mid" width = "32" height = "32"   hidden = "true" autostart = "true" >
</embed>
</object>
```

使用插件按钮，仅对应 embed 标签，范例代码如下：

```
<embed src = "5.wav" width = "300" height = "40"></embed>
```

所以，最好使用 ActiveX 按钮，以确保在浏览器中获得应有的效果。

ActiveX 控件对象也有相应的"属性"面板(如图 9-16 所示)，可以设置或显示 ActiveX 控件对象的宽度、高度及声音文件的文件名，其中 ClassID 用于浏览器识别 ActiveX 控件。

在文本框中输入一个值或在下拉列表中选择一个选项，载入网页时，浏览器使用 ClassID 确定播放 ActiveX 对象的 ActiveX 控件位置。

图 9-16　ActiveX 按钮属性面板

　　在网页中显示声音播放器，可以由用户控制声音的播放或停止，但是这个声音播放器有时影响网页的美观。为了隐藏声音播放器，可以选中 ActiveX 控件对象<img>，单击其"属性"面板中的"参数"按钮，设置参数 hidden 值为 true(声音播放器隐藏)；autostart 值为 true(网页加载时自动开始播放声音)。

9.2.3　插入音频实例

　　【例 9-4】　在网页中添加背景音乐、在线音乐播放和外部音乐播放。具体操作如下。
　　步骤一：准备工作。
　　打开子目录"9-4"下的 9-4.html 初始文件。
　　步骤二：添加背景音乐。
　　(1) 选择"插入"面板"常用"选项卡"媒体"按钮组中的 ActiveX 按钮，在页面的最下方会出现一个占位标识<img>，如图 9-17 所示，双击<img>，选择背景音乐文件"music/01.MP3"。

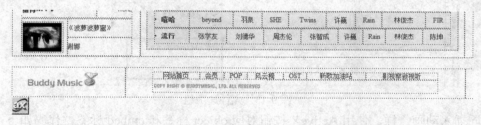

图 9-17　ActiveX 占位符

　　(2) 选中<img>，单击其"属性"面板中的"参数"按钮，设置参数 hidden 值为 true，autostart 值为 true。因为是背景音乐，应再增加 loop 参数，将 loop 的值设为 true，使背景音乐循环播放。如图 9-18 所示。

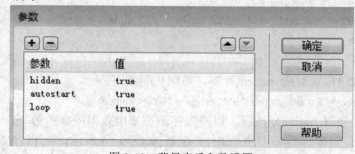

图 9-18　背景音乐参数设置

(3) 单击"确定"按钮即完成页面背景音乐的设计，保存并预览页面时隐藏了播放器。

步骤三：实现外部播放效果。

如图 9-19 所示，选中"为爱而生"后的图像(方框所选图像)，在"属性"面板(如图 9-20 所示)设置"链接"为"music/为爱而生.MP3"。这里采用了外部播放声音文件的方法，保存并预览页面。当单击这个设置了链接的图像时，播放器开始播放音乐。如图 9-21 所示。

其中，调用外部程序播放声音与计算机中默认的播放软件有关。

图 9-19　选中图像

图 9-20　给图像设置链接

图 9-21　播放音乐(9-4)

　　步骤四：实现在线音乐播放效果。

　　(1) 光标位于页面指定位置，如图 9-22 所示。在此使用 Iframe 创建浮动框架，插入网页播放器，实现在线播放声音文件。

图 9-22　光标位置(9-4)

　　(2) 选择菜单"插入"|"标签"命令，弹出的"标签选择器"对话框，如图 9-23 所示，选择左侧下拉列表中"标记语言标签"|"HTML 标签"|"页元素"，在右侧列表中选择 iframe"标签，单击"插入"按钮。

　　(3) 在弹出的"标签编辑器"窗口中设置参数，如图 9-24 所示，单击"源"文本框后的"浏览"按钮，设置"源"文件为"music frame/exobudp.htm"、宽度为 150 像素，高度为 200 像素，边距高度和边距宽度均为 0，不要勾选"显示边框"前的复选框，单击"确定"按钮，然后单击图 9-23 中的"关闭"按钮，即完成在线播放的设计。

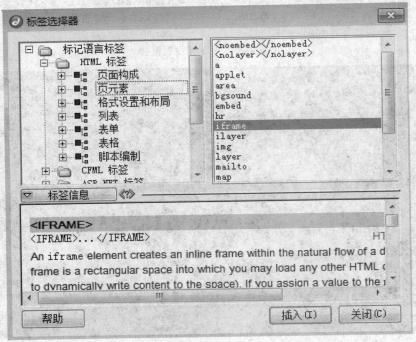

图 9-23　"标签选择器"对话框(插入 iframe 标签)

图 9-24　iframe 标签编辑器窗口

(4) 设置完成后，进入代码视图下，指定位置出现如下代码：

<iframe src = "music_frame/exobudp.htm" width = "150" marginwidth = "0" height = "200"
marginheight = "0" scrolling = "auto" frameborder = "0">

</iframe>

(5) 保存页面浏览效果，如图 9-25 所示。

图 9-25　范例(9-4)

9.3　网页中的视频

视频(Video)是由一幅幅单独的图像(也称为帧)组成的序列，这些画面以 24fps(帧/秒)

到 30fps 的速率连续地投射到屏幕上，因而使人具有图像连续运动的感觉，这样的视频图像看起来是平滑和连续的。

9.3.1　常见视频格式

常用的视频文件分为影像文件和流式文件两大类，伴随这两种类型文件存在的是相应的文件格式，分别被称为：影像格式(Video Format)和流格式(Streaming Video Format)，它们各自又都包含多种类型的文件格式。

• 影像格式：例如音乐 MTV、刻录了声音和图像的 VCD/DVD 盘，这些就是由影像格式文件制作成的，它们承载了大量的信息，文件量一般都在十几兆字节到几十兆字节，也有上百兆字节的。

• 流格式：它的出现主要是为了适应 Internet 网络实时传输视频文件的需要。它以边传送边播放为其鲜明特点，支持视频流缓冲区播放，也支持文件即时连续下载。流格式文件的这种边传送边播放的方法在一定程度上避免了互联网用户需要等待整个视频文件从网络服务器上下载完毕后才可以在本地资源上观看的缺点，也在一定程度上避免了网络带宽狭窄时导致信息高速公路堵车现象的发生。具有代表性的流媒体文件有 ASF、WMA、WMC 等。

网页中常见的视频文件格式有：

1．MPEG

MPEG 格式包括 MPEG 视频、MPEG 音频和 MPEG 系统(视频、音频同步)三个部分，MP3(MPEG-3)音频文件就是 MPEG 音频的一个典型应用；视频方面则包括 MPEG-1、MPEG-2 和 MPEG-4。

MPEG-1 被广泛应用在 VCD 的制作和一些视频片段下载方面，几乎所有 VCD 都是使用 MPGE-1 格式压缩的(*.dat 格式的文件)。MPEG-1 的压缩算法可以把一部 120 分钟时长的电影(原始视频文件)压缩到 1.2 GB 左右容量。

MPEG-2 则应用在 DVD 的制作(*.vob 格式的文件)，同时也在一些 HDTV(高清晰电视广播)和一些高要求视频编辑、处理方面有较多的应用。使用 MPEG-2 的压缩算法制作一部 120 分钟时长的电影(原始视频文件)容量在 4 GB 到 8 GB 左右，当然其图像质量方面的指标是 MPEG-1 所无法比拟的。

MPEG-4 是一种新的压缩算法，使用这种算法的 ASF 格式文件(接下来会介绍到)可以让一部 120 分钟时长的电影(原始视频文件)容量"瘦身"到 300 MB 左右，由于其小巧且便于传播，故成为网上在线观看的主要方式之一。

2．AVI 格式

AVI 格式可没有 MPEG 这么复杂，从 WIN3.1 时代，它就已经面世了。它最直接的优点就是兼容好、调用方便而且图像质量好，因此也常常与 DVD 相提并论。但它的缺点也是十分明显的：体积大，正是因为这一点，我们才看到了 MPEG-1 和 MPEG-4 的诞生。2小时影像的 AVI 文件的体积与 MPEG-2 相差无几，而 AVI 格式的视频质量相对而言要差不少，但制作起来对电脑的配置要求不高，经常有人先录制好了 AVI 格式的视频，再转换为其他格式。

3．RM 格式

RM 格式是 Real 公司对多媒体世界的一大贡献，也是对于在线影视推广的贡献。它的诞生使得流文件为更多人所知，这类文件可以实现即时播放，即先从服务器上下载一部分视频文件，形成视频流缓冲区后实时播放，同时继续下载，为接下来的播放做好准备。这种"边传边播"的方法避免了用户必须等待整个文件从 Internet 上全部下载完毕才能观看的缺点，因而特别适合在线观看影视。RM 是主要用于在低速率的网上实时传输视频的压缩格式，它同样具有小体积而又比较清晰的特点。RM 文件的大小完全取决于制作时选择的压缩率，这也是为什么有时我们会看到 1 小时的影像文件容量只有 200 MB，而有的却有 500 MB 之多。

4．ASF(Advanced Streaming Format)格式

ASF(高级流格式)是一个在互联网上实时传播视频文件的技术标准。它是由微软公司于近期研制开发的，主要目的在于利用它高兼容性、高画质的优势替代 Quick Time 等格式标准，和 RM 格式相抗衡。ASF 也是利用了 MPEG-4 的压缩算法，所以压缩率和画面质量都是很不错的，足以媲美 RM。

在制作 ASF 文件时，推荐采用 320×240 的分辨率和 30 帧/秒的帧速，可以兼顾到清晰度和文件体积，这时的 2 小时影像文件容量约为 1 GB 左右。

5．MOV(QuickTime)格式

这种文件格式起初是由 Apple 公司为其 MAC 操作系统开发的图像及视频处理软件格式，但随着个人电脑技术的飞速发展与普及，苹果公司不失时机地推出了 QuickTime 的 Windows 版本，也即我们今天可以在数码照相机、数码摄录机随机软件中看到的 QuickTimeForWindows 播放软件。

该软件由 MAC 上的内核视频播放器(QuickTime Movie，可支持 MOV 和 MPG 两种视频文件格式)和图像播放器(图像浏览器，只支持 PIC 和 JPEG 两种格式的图像)两部分组成，利用 QuickTime 提供的延伸功能，允许第三方应用程序通过系统借助 QuickTime 作为技术底层，发挥强大的多媒体交互处理功能。在这些第三方应用程序中就包括了著名的图像处理专家 Adobe 公司开发的专业级多媒体视频处理软件 Aftereffect 和 Premiere。

MOV 格式视频文件的压缩方式同 AVI 一样有两种(压缩和不压缩)，而且它的压缩编码方式与 AVI 类似，不过得到的画面质量要高于 AVI，这是因为这种编码支持 16 位图像深度的帧内压缩和帧间压缩，帧率可达 10 帧/秒。

6．WMV 格式

WMV 格式是以 .wmv 为后缀名的视频文件，针对 RM 应运而生，也是 Windows Media 的核心。它的特点是采用 MPEG-4 压缩算法，所以压缩率和图像的质量都很不错(只比 VCD 差一点点，优于 RM 格式)。与绝大多数的视频格式一样，它的画面质量同文件尺寸成反比关系，也就是说，画质越好，文件越大；相反，文件越小，画质就越差。

除了以上这些常用的格式外，我们在应用中还会发现有很多不同类型的视频文件格式存在，如 FLM、FLC 等等。而且随着现代网络技术的飞速发展，各种适应 Internet 传输的

新视频格式文件也在不断出现，这些文件压缩比较大，传输速度快，极大地开拓了新的发展空间。

9.3.2　插入视频

插入视频的方法与插入音频的方法完全一样(不再赘述)，注意以下几点建议：

(1) 通过使用插件的方式实现在网页中播放 AVI、ASF、WMV 和 MPEG 格式视频。

(2) 以插入 Active X 控件的方式插入 WMV、RM、RMVB 格式的视频。

(3) 以菜单"插入"|"媒体"|"flash 视频"命令插入 FLV 格式视频。

以下通过实例介绍插入视频的方法。

9.3.3　插入视频实例

【例 9-5】　在网页中分别插入格式为 AVI、WMV、RM 和 FLV 的视频文件。具体操作如下。

步骤一：准备工作。

打开子目录 9-5 下的初始文件 9-5.html。

步骤二：插入 AVI 格式视频。

(1) 将光标放入图 9-26 中"位置 1"的单元格内，执行"插入"|"媒体"|"插件"命令，弹出"选择文件"对话框，执行文件"movie/1.avi"，单击"确定"后，单元格内出现插件占位符。

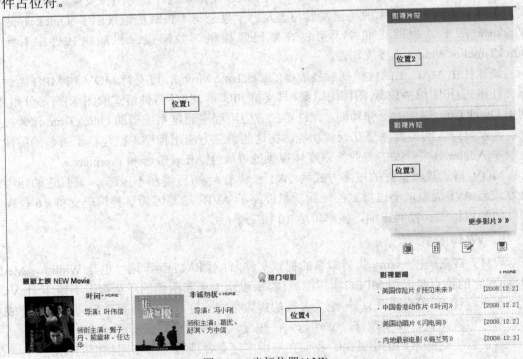

图 9-26　光标位置(AVI)

(2) 选中插入的占位符，在下方"属性"面板(如图 9-27 所示)中，设置宽为 760 像素，高为 468 像素，单击"属性"面板中的"参数"按钮，新增参数"autostart"，值为 true，实现自动播放，如图 9-28 所示。单击"确定"按钮，完成 AVI 视频的插入。保存，预览效果。

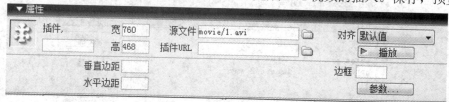

图 9-27　视频的属性面板

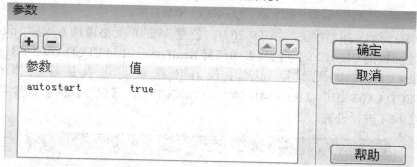

图 9-28　视频的参数设置

步骤三：插入 WMV 和 RM 格式视频。

(1) 将光标放入图 9-26 中"位置 2"的单元格内，执行"插入"|"媒体"|"ActiveX"命令，在弹出的"对象标签辅助功能属性"对话框(如图 9-29 所示)中，输入标题"movie1"，单击"确定"按钮后，单元格内出现"ActiveX"占位符。

图 9-29　"对象标签辅助功能属性"对话框 1

(2) 选中"ActiveX"占位符，在属性面板中设置宽为 214 像素，高为 160 像素，在属性面板的 ClassID 中输入"CLSID:6BF52A52-394A-11d3-B153-00C04F79FAA6"，如果下拉列表中有这个选项，则直接选择即可。如图 9-30 所示。

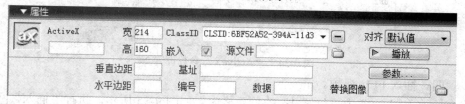

图 9-30　"ActiveX"属性面板 1

(3) 选中"ActiveX"占位符，单击"属性"面板中的"参数"按钮，新增参数"autostart"，值为 true，实现自动播放；新增参数"URL"，值为"movie/2.wmv"，如图 9-31 所示。单击"确定"按钮，完成 WMV 视频的插入。保存，预览效果。

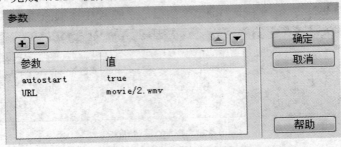

图 9-31 "ActiveX"参数设置 1

(4) 重复上述(1)(2)(3)方法，在图 9-26 中"位置 3"的单元格内插入视频"movie/3.rm"。其中，在属性面板的 ClassID 的下拉列表中选择 RealPlayer/clsid:CFCDAA03-8BE4-11cf-B84B-0020AFBBCCFA ，如果下拉列表中没有该选项，可直接在文本框中输入 "CLSID:CFCDAA03-8BE4-11cf-B84B-0020AFBBCCFA"，其他涉及的参数参照图 9-32，图 9-33、图 9-34 进行设置。

图 9-32 "对象标签辅助功能属性"对话框 2

图 9-33 "ActiveX"属性面板 2

图 9-34 "ActiveX"参数设置 2

步骤四：插入 FLV 视频。

将光标放入图 9-26 中"位置 4"的单元格内，如图 9-35 所示，执行"插入"|"媒体" |"Flash 视频"命令，弹出"插入 Flash 视频"对话框，设置如图 9-36 所示。单击"确定" 按钮，即完成 FLV 视频的插入，保存预览效果。

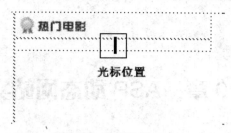

图 9-35　光标位置(FLV)

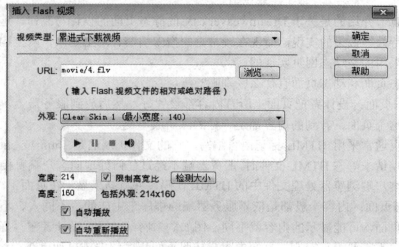

图 9-36　参数设置(FLV)

思　考　题

1. 在 Dreamweaver 中可以插入哪些格式的动画？简述动画"属性"面板中各属性的意义。

2. 如何使网页中的动画透明？

3. 如何不启动 Flash 应用程序，就能在 Dreamweaver 中插入 Flash 按钮或 Flash 文本？

4. 如何在网页中插入解说词或背景音乐？

5. 如何在网页中插入 MPG 视频文件？如何在网页中插入 Real Player 视频文件？

第 10 章　ASP 动态网站实例

　　前面的章节介绍的是关于 Dreamweaver cs5 的静态页面的设计与制作，重点在网页规划和布局、特效等效果的实现。而现在较常见的搜索引擎、网上购票、网上购物、留言板和论坛等，采用的是动态网页实现的。

　　那么静态页面和动态页面有什么区别呢?

　　(1) 静态页面：设计者把页面上所有内容都设置好，然后放到服务器上，无论何人何时何地打开这个页面，看到的内容都是一样的，一成不变。

　　静态网页通常采用 HTML 标记语言编写，它的文件扩展名是 .htm 或 .html。当客户端向服务器端请求静态 HTML 文件时，服务器端不经过任何处理向客户端直接发送 HTML 文件，然后客户端浏览器处理文件中的 HTML 代码，并将结果显示在页面上。

　　(2) 动态页面：内容一般都是依靠服务器端的程序来生成的，不同人、不同需求、不同时间访问页面，可能显示的内容就不同，例如购票网站。网页设计者在写好服务器端的页面程序后，不需要手工控制，页面内容会按照页面程序的安排自动更新。

　　动态网页中包含了程序代码，通过后台数据库与 Web 服务器的信息交互，由后台数据库提供实时数据更新和实时查询服务。

　　建立动态网页通常涉及服务器端编程。目前，常用的服务器端编程技术主要有 CGI(Common Gateway Interface，公用网关接口)、ASP(Active Server Pages)、PHP(Hypertext Preprocessor)、JSP (Java Server Pages)等，不同的编程技术需要不同的系统环境支持。其中 ASP 运行于 Windows 系列平台，与 PHP、JSP 相比具有简单易学的特点。

　　本章以创建一个小型实例网站为例，系统地介绍建立动态网站的基础知识，包括 ASP、安装配置 IIS 服务器、创建表单等。

10.1　ASP 介　绍

　　ASP 是微软开发的一种后台脚本语言，它可以把 HTML、脚本程序、后台服务和 Web 数据库结合在一起，建立动态的、交互的、高性能的 Web 服务器应用程序。由于网页中的脚本代码是在服务器端执行的，所以请求.asp 文件的客户端浏览器不需要支持脚本语言即可浏览 ASP 网页。但 ASP 程序需要服务器端支持，服务器应安装相应的 Web 服务器软件才能正常运行。IIS (Intemet Information Server)是基于 TCP/IP 的 Web 应用系统，它不但可以使用 HTTP 协议传输信息，还可以提供 FTP 服务，使用 IIS 可以轻松地将信息发送到客户端浏览器上。

在浏览器中打开一个 ASP 页面时，会向 Web 服务器提出请求，ASP 脚本开始运行，Web 服务器运行完脚本，不会把源程序代码传给浏览器，只是把需要显示的运行结果返回给浏览器。ASP 具有以下特点：

(1) ASP 网页是在 HTML 网页上嵌入 ASP 代码的页面，为了将 ASP 代码和 HTML 标记区分开来，ASP 脚本必须包含在分隔符<% %>之间

(2) 内嵌 ASP 代码的网页一般保存为扩展名为.asp 的文件。

(3) ASP 代码不区分大小写。

(4) 一个 ASP 文件可以内嵌多种脚本语言，例如 VBScript、JavaScript 等。

(5) ASP 内置了 ADO (ActiveX Data Objects)组件，不用编写大量代码，即可以轻松地实现对数据库的访问。

(6) 由于 ASP 代码无法从来浏览器端察看，ASP 确保了站点的安全性。

10.2　安装配置 IIS 服务器

建立动态网站之前，首先要安装和配置 IIS(Internet Information Server，因特网信息服务)服务器，以便对动态网页进行测试和浏览。

下面以 Windows 7 操作系统为例，介绍 IIS 的安装和配置过程。

10.2.1　安装 IIS

IIS 是 Windows 2000 以上操作系统的一个组件，如果默认没有安装，则可以通过添加 Windows 组件的方法将 IIS 安装到系统中。下面以 Windows 7 操作系统为例，介绍 IIS 具体操作步骤如下：

(1) 打开控制面板，双击"程序"|"打开或关闭 Windows 功能"，如图 10-1 所示。

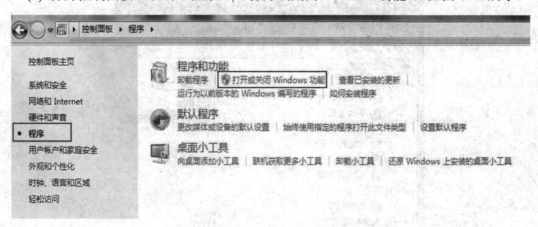

图 10-1　程序面板

(2) 在弹出的如图 10-2 所示的"Windows 功能"对话框中，勾选"Internet 信息服务"前面的复选框。

　　(3) 展开"Internet 信息服务"选项，查看详细信息，选中全部 IIS 子组件，如图 10-3 所示，单击"确定"按钮，完成安装。

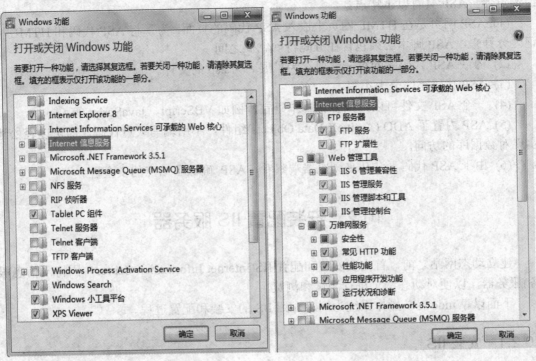

　　　　图 10-2　"Windows 功能"对话框　　　　　　　　　　图 10-3　选择 IIS 子组件

　　(4) IIS 安装完成后，单击桌面上"计算机"图标，单击右键，选择"管理"，弹出的"计算机管理"对话框如图 10-4 所示，在"服务和应用程序"选项下，就增加了"Internet 信息服务管理器"选项。

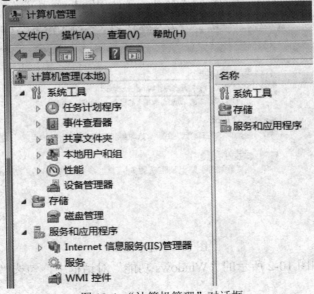

图 10-4　"计算机管理"对话框

10.2.2　配置 IIS

IIS 安装成功后，系统自动创建了一个默认的 Web 站点，其默认目录为 C:/interput/wwwroot。也可以创建一个新站点，然后对站点进行配置，使其符合要求。

例如，新建站点 F:\myweb，下面介绍 IIS 的具体配置过程，操作如下：

(1) 双击"Internet 信息服务管理器"，展开 Web 服务器的管理界面，如图 10-5 所示。选择左数第二列下的"网站"|"Default Web Site(默认网站)"。

图 10-5　计算机管理界面"默认网站"

(2) 鼠标放在"Default Web Site"上，单击右键，选择"管理网站"|"高级设置"，如图 10-6 所示。单击"高级设置"，弹出对话框，如图 10-7 所示。

图 10-6　展开"Default Web Site"属性

图 10-7　"高级设置"对话框

(3) 在"高级设置"窗口中，将"常规"选项下的"物理路径"设置到新建站点"F:\myweb"，"自动启动"项选择为"true"，将"失败请求跟踪"选项下的"目录"选项路径设置为"F:\myweb"，"已启用"项选择为"true"，单击"确定"按钮完成设置，如图 10-8 所示。

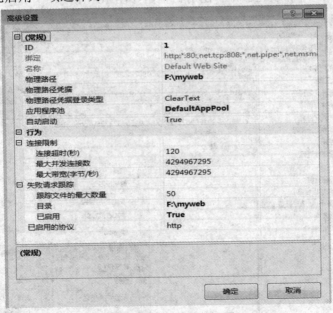

图 10-8　高级设置的配置

(4) 在"计算机管理"面板，左数第三列下"IIS"选项下有"默认文档"标识，如图

10-9 中方框部分。双击进入"默认文档"的设置窗口，如图 10-10 所示。设置网站的默认网页文档，方便浏览者浏览。

图 10-9　默认文档的位置

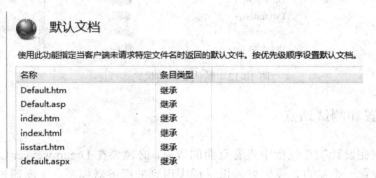

10-10　默认文档

（5）可以手动添加默认文档，方法是：单击图 10-11 中右侧"操作"下的"添加"选项，在弹出的"添加默认文档"对话框中，输入"名称"，单击"确定"按钮即可。

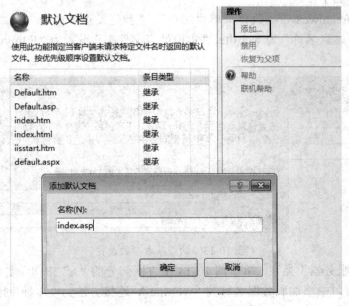

图 10-11　"添加默认文档"对话框

（6）默认文档的优先级顺序，可以通过图 10-12 中右列的"上移""下移"来进行调整，通常将文档"index.html"的浏览顺序设置在最上方。

图 10-12　默认文档的优先级顺序

10.2.3　配置和测试站点

为了方便在设计制作过程中查看页面的效果，必须要在 Dreamweaver CS5 中为所设计的动态网页设置一个站点，设置好编辑过程中用到的服务器模型。下面通过实例介绍具体的配置方法。

【例 10-1】　在任意盘下新建文件夹 myweb，然后在 myweb 下创建图像文件夹 images。站点配置的操作如下：

（1）打开 Dreamweaver，执行菜单"站点"|"新建站点"命令，在"站点设置对象"对话框中设置"站点名称"为 website，"本地站点文件夹"设置为"F:\myweb"，如图 10-13 所示。

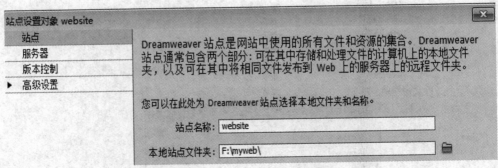

图 10-13　站点基本参数设置

（2）选择"服务器"类别，单击图 10-14 中方框部分的"+"按钮，实现添加新服务器。在出现的设置窗口中添加服务器名称为"website"，连接方法为"本地/网络"，服务器文件夹为"F:\myweb"，Web URL 设置为 http://localhost，如图 10-15 所示。

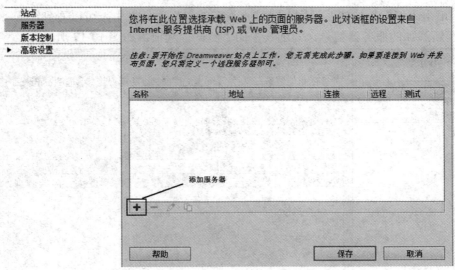

图 10-14　添加新服务器

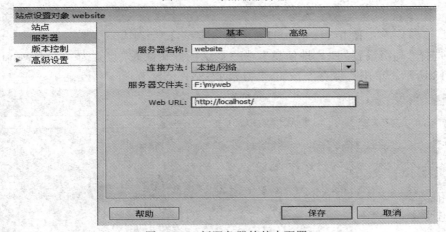

图 10-15　新服务器的基本配置

(3) 切换到"高级"选项卡下，将"测试服务器"下的"服务器模型"设置为"ASP VBScript"，如图 10-16 所示。

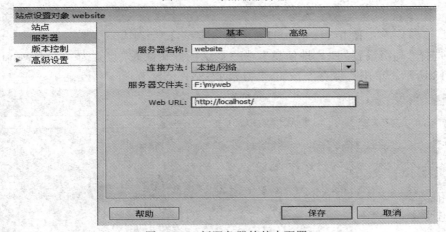

图 10-16　服务器模型的设置

　　(4) 单击"保存"按钮，返回到"站点设置对象"对话框中，可以看到在服务器列表中增加了新添加的服务器信息，勾选其中的"测试"选项，如图 10-17 所示。

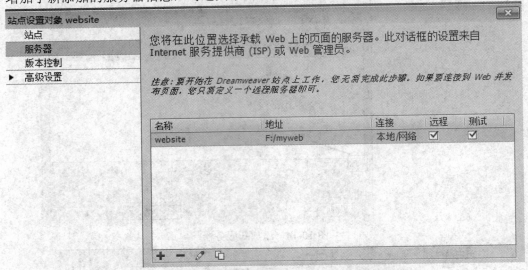

图 10-17　"站点设置对象"对话框勾选"测试"选项

　　(5) 选择"高级设置"|"本地信息"，将"默认图像文件夹"设置为"F:\myweb\images"，如图 10-18 所示。单击"保存"按钮，完成动态站点的配置。

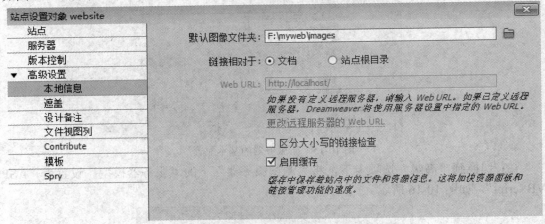

图 10-18　设置默认图像文件夹

　　【例 10-2】　测试站点。编写 ASP 网页，命名为 time.asp，在浏览器中显示欢迎词和当前系统时间，如图 10-19 所示。

　　代码如下：

```
<%@LANGUAGE = "VBSCRIPT" CODEPAGE = "65001"%>
<!DOCTYPE html PUBLIC "-//W3C//DTD XHTML 1.0 Transitional//EN"
"http://www.w3.org/TR/xhtml1/DTD/xhtml1-transitional.dtd">
<html xmlns = "http://www.w3.org/1999/xhtml">
<head>
<meta http-equiv = "Content-Type" content = "text/html; charset = utf-8" />
```

```
<title>Asp 例题 10-2</title>
</head>
<body>
欢迎光临，现在的时间是：
<% = now()   %>
</body>
</html>
```

图 10-19　例题 10-2 效果

　　配置 IIS 发布网站后，在服务器本地计算机上，可以用 http://localhost 来访问，观察网页的地址为 http://locaohost/time.asp。

10.2.4　配置 IIS 的虚拟目录

　　在 IIS 服务器中发布网站，如果需要同时发布多个站点，可以用虚拟目录的方式实现。虚拟目录可以设置多个，具体配置方法如下：

　　(1) 打开"internet 信息服务管理器"，选择"Default Web Site"选项。

　　(2) 右键单击"Default Web Site"选项，在弹出的菜单中选择"添加虚拟目录"选项，如图 10-20 所示。

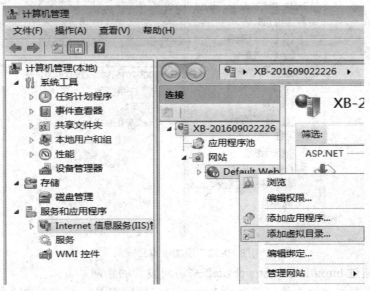

图 10-20　添加虚拟目录

(3) 在弹出的"添加虚拟目录"对话框中，设置别名"website2"，物理路径设置为另外一个站点内容所在的文件夹，如图 10-21 所示。

图 10-21   "添加虚拟目录"对话框

(4) 这样就在"Default Web Site"下新建了一个虚拟目录"website2"，如图 10-22 所示。

图 10-22   添加虚拟目录后

(5) 可以通过 http://localhost/website2 来访问设置的新网站。

将例 10-2 中创建的文件复制到 website2 对应的站点 F:\myweb2 中。然后将地址栏中的地址修改为"http://localhost/website2/time.asp",查看页面的执行情况。

10.3 创建网站实例

本节将结合前面介绍的知识,构建一个小型的网站实例——用户留言板。首先介绍网站的功能与页面,接着设计网站的体系结构,然后针对具体功能进行设计与配置。

10.3.1 网站功能及页面

1. 网站功能

本节的实例网站主要包括以下几部分功能:

- 用户注册:用户通过注册获得一个可登录网站的用户名;
- 用户登录:用户登录后才能使用网站的所有功能;
- 发表留言:用户发表自己的见解和想法;
- 留言列表:查看所有发表的留言内容;
- 查看留言:查看某一条留言的详细内容。

根据网站的功能组成,可以将整个网站系统划分为两大子系统:用户注册系统和留言系统。下面介绍实现以上功能的页面,以获得对该实例网站的初步了解。

2. 网站页面

用户最先进入的是首页(index.asp),页面上提供的有用户登录的界面和新用户注册的链接,如图 10-23 所示。

图 10-23 首页 index.asp

对于没有注册的新用户,要选择一个"新用户注册"来获得一个用户名,新用户注册界面 registster.asp,如图 10-24 所示。

注册成功后,就可以返回到首页,用已经注册过的账号进行登录。用户登录(index.asp)后就进入发表留言的页面(subject.asp),如图 10-25 所示。

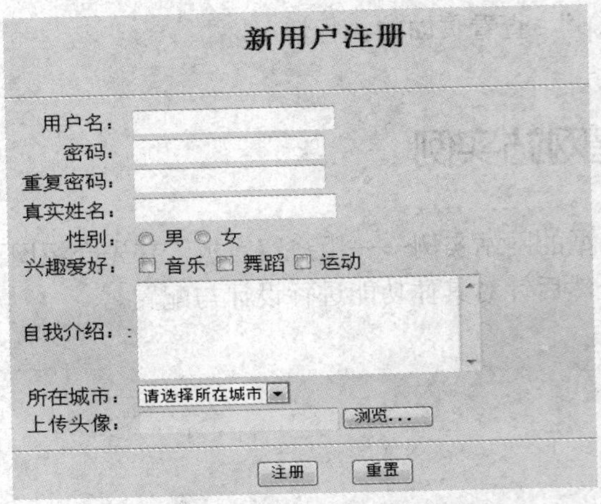
新用户注册
用户名：
密码：
重复密码：
真实姓名：
性别： 男 女
兴趣爱好： 音乐 舞蹈 运动
自我介绍：
所在城市： 请选择所在城市
上传头像： 浏览...
注册 重置

图 10-24　注册页面 register.asp

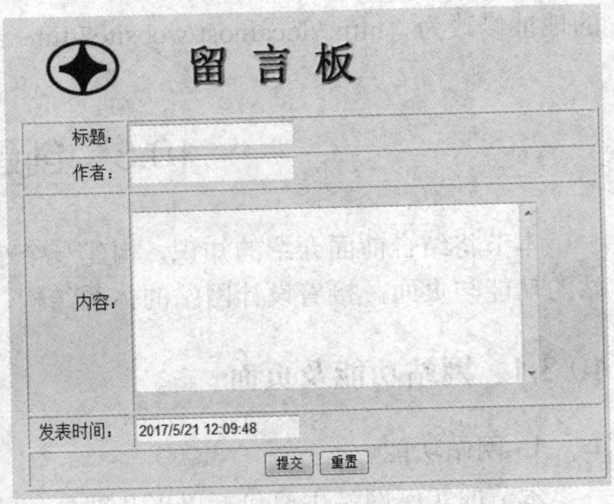
留 言 板
标题：
作者：
内容：
发表时间： 2017/5/21 12:09:48
提交 重置

图 10-25　发表留言 subject.asp

发表留言成功后，就跳转到留言列表页面(bbslist.asp)，查看所有的留言信息，如图 10-26 所示。

用户如果对某一条留言感兴趣，可以从 bbslist.asp 中单击标题，进入查看其具体内容页面 show.asp。

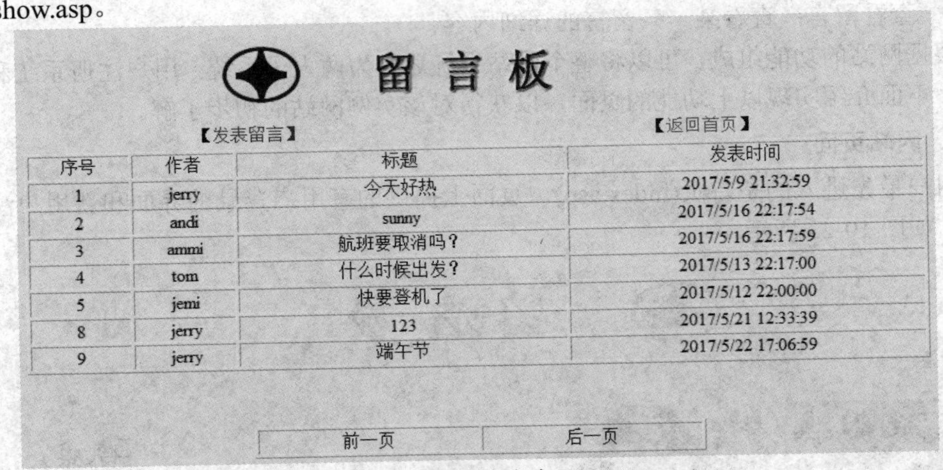
留 言 板
【发表留言】
【返回首页】
序号 作者 标题 发表时间
1 jerry 今天好热 2017/5/9 21:32:59
2 andi sunny 2017/5/16 22:17:54
3 ammi 航班要取消吗？ 2017/5/16 22:17:59
4 tom 什么时候出发？ 2017/5/13 22:17:00
5 jemi 快要登机了 2017/5/12 22:00:00
8 jerry 123 2017/5/21 12:33:39
9 jerry 端午节 2017/5/22 17:06:59
前一页
后一页

图 10-26　查看所有留言 bbslist.asp

10.3.2　网站的体系结构

当功能确定下来后，就需要进行网站的内容体系结构设计，即对网站所要提供的信息进行分类整理，并与网站的功能结合起来，得出一个网站按功能和内容划分的层次结构，并将功能合理地分布到不同的页面中，再将这些页面以一定的超链接组合在一起。

1. 文件架构

文件架构的设计原则是按照逻辑功能划分，将完成同一功能的网页放在同一个文件夹下，将同一类型的资源也统一存放在一个文件夹下。本节实例的文件架构如图 10-27 所示。

各个文件夹设置如下：

- bbs 用来存放发表留言的相关网页，例如发表文章 subject.asp、文章列表 bbslist.asp；

- images 用来存放图片资源；
- users 用来存放处理用户信息的网页，例如注册页面 register.asp。

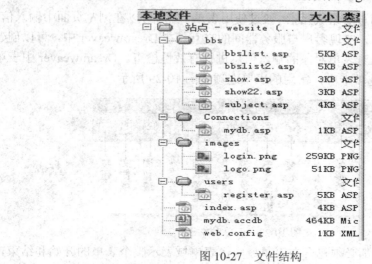

图 10-27　文件结构

另外，首页 index.asp、数据库文件 mydb.accdb 都直接放置在网站的根目录下。

2. 网站的流程

在构建一个网站时，很重要的一步就是要分析网站要提供哪些服务，以及这些服务之间是如何联系在一起的，并由此确定各个服务的处理流程，规划出网站的整体流程图，这样可以有效避免页面之间转向和链接的混乱。本实例网站的执行流程如图 10-28 所示。

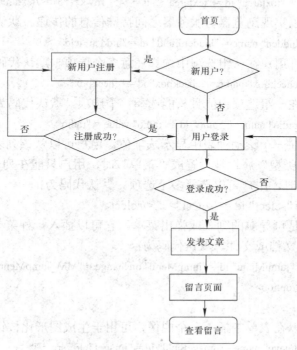

图 10-28　网站流程图

10.3.3　创建表单

　　表单是动态网页中的重要组成元素，通过使用表单，客户可以在浏览页面中输入信息，并向站点服务器提交信息，实现客户与服务器间的交互。在 Dreamweaver 中，可以创建多种表单对象，同时还可以对表单对象的输入信息进行有效性检查。Dreamweaver 中表单对象在"插入" | "表单"选项卡中，常用的表单选项如图 10-29 所示。

图 10-29　表单对象

　　(1) 表单：表单对象都必须包含在表单域中，表单域表示整个表单的开始和结束，标记为<form>…</form>。

　　(2) 文本字段：接受任何类型的字母、数字文本输入内容，也可以以密码的形式显示。默认代码为：

　　　　<input type = "text" name = "textfield" id = "textfield" />

　　(3) 文本区域：和文本字段的区别在于多行显示内容，默认代码为：

　　　　<textarea name = "textarea" id = "textarea" cols = "45" rows = "5"></textarea>

　　(4) 隐形域：可以实现浏览器与服务器之间特殊信息的传递。默认代码为：

　　　　<input type = "hidden" name = "hiddenField" id = "hiddenField" />

　　(5) 复选框：允许用户在一组选项中选择任意多个选项。默认代码为：

　　　　<input type = "checkbox" name = "checkbox" id = "checkbox" />

　　(6) 单选按钮：在一组选项中能且只能选择一个选项。默认代码为：

　　　　<input type = "radio" name = "radio" id = "radio" value = "radio" />

　　(7) 列表菜单：在一个滚动列表中显示选项值，用户可以从该列表中选择一个或多个选项。当该对象的"类型"属性被设置成"菜单"时，用户只能在列表中选择一个选项，当被设置成"列表"时，用户可以选择多个选项。默认代码为：

　　　　<select name = "select" id = "select">…</select>

　　(8) 跳转菜单：是可导航的列表或弹出菜单，它可以插入一种菜单，这种菜单中的每个选项都链接到某个文档或文件。默认代码为：

　　　　<select name = "jumpMenu" id = "jumpMenu" onchange = "MM_jumpMenu('parent', this, 0)">

　　　　<option>项目</option>

　　　　</select>

　　(9) 图像域：可以在表单中插入一个图像，可用于生成图形化按钮。默认代码为：

　　　　<input type = "image" name = "imageField" id = "imageField" src = "" />

　　(10) 文件域：用户可以浏览到本地的某个文件，并将该文件作为表单数据上传。默认

代码为：

```
<input type = "file" name = "fileField" id = "fileField" />
```

（11）按钮：单击对象时执行提交表单或重置表单的操作。默认代码为：

```
<input type = "submit" name = "button" id = "button" value = "提交" />
```

下面以"留言板"站点中的注册页面(register.asp)为例，介绍表单对象的使用方法。

【例 10-3】　制作注册页面(register.asp)，练习使用表单对象，界面如图 10-24 所示。具体操作如下：

步骤一：建立动态站点。

具体步骤，参照 10.2.2 配置 IIS 和 10.2.3 配置站点，此处不再赘述。

步骤二：插入表单对象。

（1）在站点下新建文件夹"users"，用来存放处理用户信息的网页，在文件夹"users"下新建文件，命名为 register.asp。

（2）打开 register.asp 页面的设计视图，光标定位在空白位置，执行菜单"修改"|"页面属性"命令，将背景颜色设置为"#DAECF5"。

（3）选择"插入"面板中的"表单"选项卡下的"表单域"对象□。插入表单后，设计视图下页面中新增一个红色虚线框，同时状态栏出现<form#form1>标记，代码视图下新增代码如下：

```
<form id = "form1" name = "form1" method = "post" action = ""></form>
```

表单 form 有两个重要的属性 method 和 action，method 为数据传递方式，其值为"get"或"method"，默认为 post。参数 action 的引号内填写的是接收和处理表单数据的服务端程序的文件名。

步骤三：插入表格及内容。

（1）鼠标放入表单域(红色虚线框)内，插入一个14行2列的表格，表格的属性如图10-30所示。

图 10-30　表格属性

（2）合并表格的第 1 行中的两个单元格后，插入图片"logo.png"；合并表格的第 2 行的两个单元格后输入文字"新用户注册"，格式设置为"标题 2"，居中对齐；合并表格的第 3 行的两个单元格后，执行"插入"|"HTML"|"水平线"命令后，效果如图 10-31 所示。

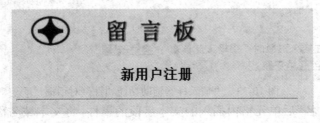

图 10-31　效果图(10-3)

(3) 在第 4~12 行的左列分别输入文字，如图 10-32 所示。

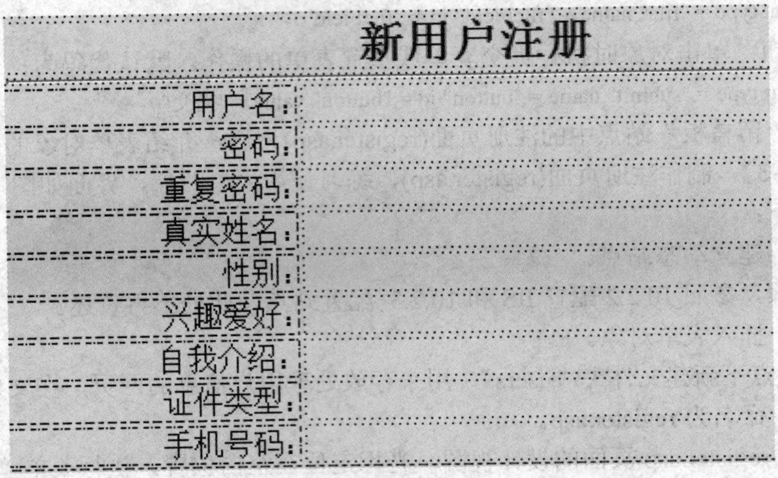

图 10-32　输入文字

(4) 在"用户名""密码""重复密码""真实姓名"后对应的单元格内均插入"文本字段"⬚。例如鼠标放在"用户名"后的单元格内，插入文本字段，弹出"输入标签辅助功能属性"对话框，如图 10-33 所示，可以不作任何设置，单击"确定"按钮。也可以通过"首选参数"的辅助功能属性，以后不再显示此对话框。

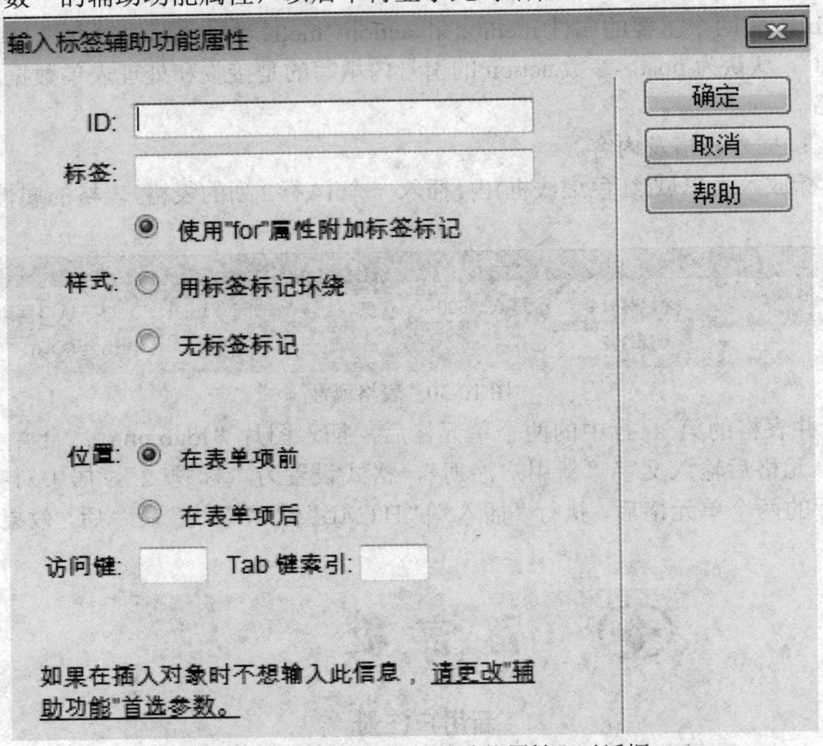

图 10-33　"输入标签辅助功能属性"对话框

(5) 观察"用户名"后单元格内插入的文本字段的属性，将文本域名称设为"username"，类型设置默认为"单行"，如图 10-34 所示。

图 10-34 用户名 "文本字段" 属性

(6) 观察 "密码" 后单元格内插入的文本字段的属性,将文本域名称设为 "pwd",类型设置默认为 "密码",如图 10-35 所示。

图 10-35 密码 "文本字段" 属性

(7) 重复密码后的文字字段设置参照图 10-36 所示。

图 10-36 重复密码 "文本字段" 属性

(8) 真实姓名后的文字字段设置参照图 10-37 所示。

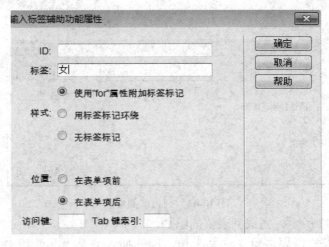

图 10-37 真实姓名 "文本字段" 属性

(9) 性别栏对应的单元格内应该插入 "单选按钮" 。鼠标放入对应的单元格内,单击表单面板上的单选按钮,弹出 "输入标签辅助功能属性" 对话框,如图 10-38 所示,在 "标签" 后的文本框内输入 "女",单击 "确定" 按钮,重复该操作,添加一个 "男" 选项。对应的属性如图 10-39 所示。

图 10-38 "输入标签辅助功能属性" 对话框插入单选按钮

图 10-39　单选按钮属性

(10) 兴趣爱好栏插入的是"复选框",添加方法与单选按钮一样,属性如图 10-40 所示。

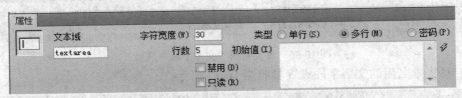

图 10-40　复选框属性

　　参照上述方法,完成三个"复选框"的添加,标签分别为:音乐、舞蹈和运动,复选框名称都设置为"aihao",如图 10-40 所示。

　　(11) 自我介绍栏插入的是"文本区域",图 10-41 所示为文本区域的属性面板,修改合适的文本域名称,可以调整合适的字符宽度和行数。

图 10-41　文本区域属性

　　(12) 所在城市栏插入的是"列表/菜单",图 10-42 所示的属性面板中,"类型"默认为菜单,提供单选功能,如果"类型"选择为列表,并勾选"允许多选",则提供多选功能。单击属性面板上的"列表值"按钮,弹出如图 10-43 所示的窗口,可以增加或删除列表项。

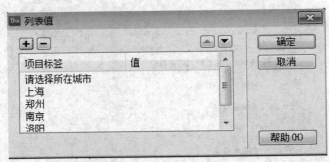

图 10-42　列表/菜单属性

图 10-43　列表值的增删

　　请参照图 10-43 所示,完成列表值的添加。

　　(13) 上传头像栏需要浏览文件并上传,因此插入一个"文件域",其属性面板如图

10-44 所示。

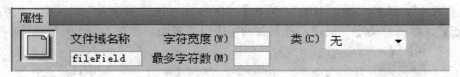

图 10-44　文件域属性

(14) 合并表格的第 13 行的两个单元格，执行"插入"|"HTML"|"水平线"命令。

(15) 合并表格的第 14 行的两个单元格，插入两个按钮，"动作"属性分别为"提交表单"和"重置表单"，按钮的值分别设置为"注册"和"重置"。属性如图 10-45、图 10-46 所示。

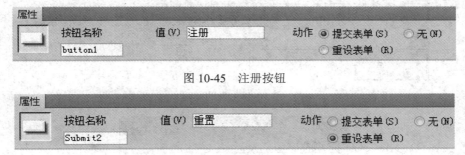

图 10-45　注册按钮

图 10-46　重置按钮

(16) 保存网页，预览效果，如图 10-24 所示。

本节涉及表单创建的页面还有登录界面 index.asp 和发表文章界面 subject.asp，效果图如图 10-23、图 10-25 所示，请参照例 10-1 中的方法，自行完成，此处不再赘述。

10.3.4　创建数据库

实例中无论是注册、登录还是发表文章，都要用到数据库。而"留言板"属于小型站点，处理和存储数据量较少，可以采用 Access 建立数据库。

【例 10-4】　建立"留言板"网站所需的数据库 mydb.accdb 及两个数据表：users 和 subject。

操作如下：

(1) 打开 Access 数据库软件，参照图 10-47 设置，在站点下方新建数据库文件 mydb.accdb。

图 10-47　新建数据库

(2) 单击"创建"后进入表的创建界面，如图 10-48 所示。鼠标右键单击图 10-48 中方框中的"表 1"，选择"设计视图"，弹出图 10-49 所示的"另存为"对话框，表名重命名为"users"，单击"确定"按钮，进入表的字段设置界面，如图 10-50 所示。

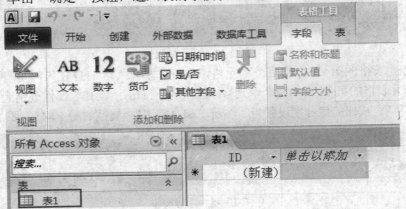

图 10-48　表的创建

图 10-49　"另存为"对话框表的重命名

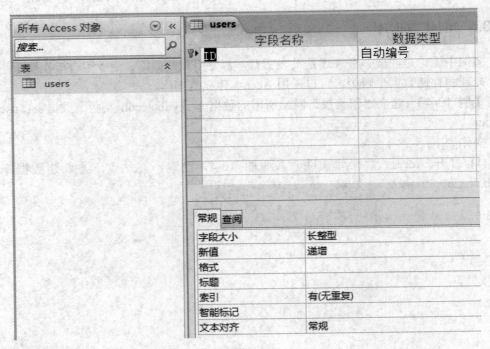

图 10-50　字段设置

users 表中有 3 个字段，字段的名称和数据类型见表 10-1 所示。

表 10-1　表 users 的各个字段

字段名称	数据类型	字段大小	必填字段	允许空字符	索引	说明	备注
ID	自动编号	长整型	是	—	有(无重复)	用户编号	主键
username	文本	20	是	否	有(无重复)	用户名	
pwd	文本	20	是	否	—	密码	

(3) 表 users 创建完成后，单击菜单"创建"下的"表"选项，如图 10-51 所示。在表 users 下新增一个"表 1"，参照步骤(2)，将"表 1"重命名为"subject"，其各个字段名及数据类型见表 10-2 所示。

图 10-51　创建新表

表 10-2　表的各个字段

字段名称	数据类型	字段大小	必填字段	允许空字符	索引	说明	备注
subjectID	自动编号	长整型	是	—	有(无重复)	留言编号	主键
username	文本	20	是	否	无	用户名	
Title	文本	50	是	否	无	标题	
content	文本	255	是	否	无	内容	
Time	文本	255	是	否	无	发表时间	

10.3.5　连接数据库

ASP 应用程序不能直接操作数据库，必须通过数据库连接驱动程序(ODBC，Open Database Connectivity ，开放数据库互联)或嵌入式数据库(OLE DB)提供程序来连接访问数据库。初学者编写访问数据库的代码比较困难，Dreamweaver 提供了强大的数据库访问功能，能通过一些设置操作，简单、快速地完成数据库的连接访问，并在代码窗口自动生成相应的数据库操作代码。

【例 10-5】　以"留言板"站点 myweb 为例，与数据库建立连接。具体步骤如下。

步骤一：创建指向数据库 mydb.accdb 的 ODBC 数据源。

(1) 在控制面板中选择"系统和安全"选项下的"管理工具"的"数据源(ODBC)"选项，弹出如图 10-52 所示的窗口。

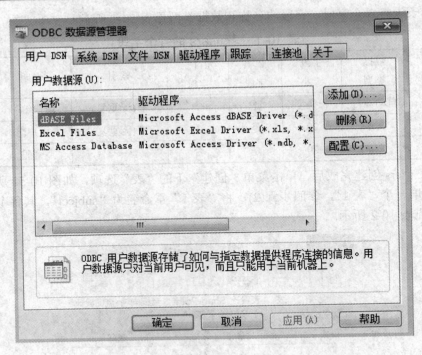

图 10-52　ODBC 数据源管理器

（2）单击图 10-52 中的"系统 DSN"选项，弹出如图 10-53 所示的窗口，单击"添加"按钮，在弹出的"创建新数据源"窗口(图 10-54)中选择数据源的驱动程序"Microsoft Access driver(*.mdb，*.accdb)"，单击"完成"按钮。

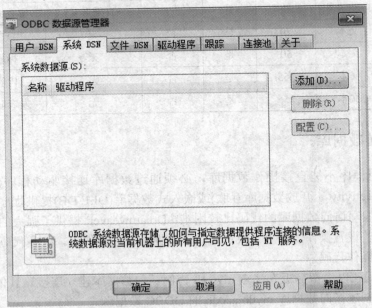

图 10-53　系统 DSN

图 10-54　"创建新数据源"窗口选择驱动程序

(3) 在弹出"ODBC Microsoft Access 安装 "对话框(图 10-55 所示)中,在"数据源名"后的文本框中输入"mydb",用来标识数据库的连接,然后单击下面的 "选择"按钮,弹出"选择数据库"对话框(如图 10-56),首先选择数据库对应的驱动器,然后选择数据库所在的目录,最终找到要连接的数据库 mydb.accdb。选中数据库名"mydb.accdb",单击"确定"按钮,在图 10-55 中"数据库"后面就出现了添加的数据库完整路径,到此完成 ODBC 数据源的设置。

图 10-55　 "ODBC Microsoft Access 安装"对话框

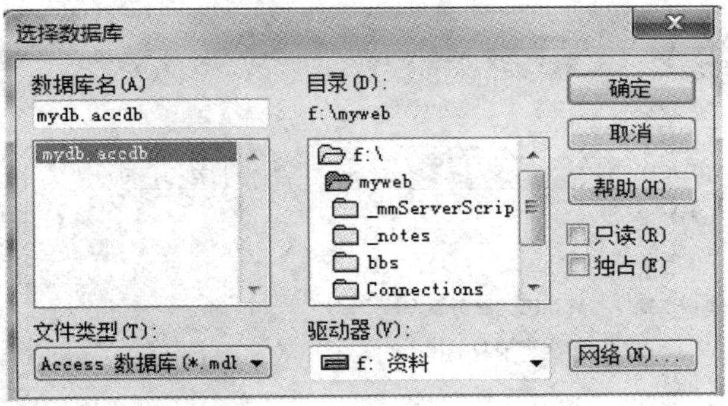

图 10-56　"选择数据库"对话框

(4) 单击"确定"后,在"系统 DSN"选项下,就新增加了一个数据源,如图 10-57 所示。

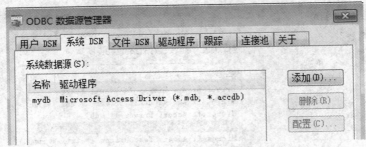

图 10-57　系统 DSN

步骤二：在 Dreamweaver 中，建立站点与 ODBC 数据源 mydb 的连接。

(1) 打开注册页面 register.asp。

由于 Dreamweaver 中要建立连接对象等数据库操作，必须是针对某一个.asp 的网页文件。

(2) 执行"窗口"|"数据库"命令，打开"数据库"面板，如图 10-58 所示。面板中列出了在页面上使用动态数据的环境要求，前三项内容打了对钩，说明满足环境要求，否则应该参照 10.2.2 配置 IIS 和 10.2.3 配置站点，完成动态站点的配置。

(3) 单击"数据库"面板中的"+"按钮，从弹出的菜单中选择"数据源名称(DSN)"，如图 10-59 所示。

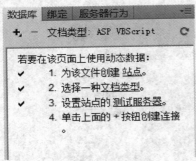
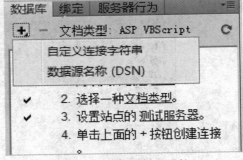

图 10-58　数据库面板　　　　　　　　　　图 10-59　创建数据源连接

(4) 在弹出的"数据源名称"对话框(图 10-60)中，在"连接名称"后的文本框中输入"mydb"，在"数据源名称(DSN)"后的列表中选择前面添加的系统 DSN "mydb"，然后单击"测试"按钮。

图 10-60　"数据源名称"对话框

(5) 单击"测试"按钮后，如果出现如图 10-61 所示的创建成功提示框，则数据连接成功。

（6）单击图 10-60 中的"确定"按钮，关闭对话框。观察数据库面板，这里增加了数据源对象 mydb，展开后，在"脚本编制"下面有两个表 users 和表 subject，如图 10-62 所示。

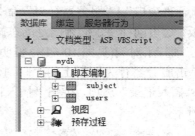

图 10-61 创建成功提示框 图 10-62 数据库面板

（7）同时，观察"本地文件"面板，发现站点中自动创建了"connections"文件夹，其中有 mydb.asp 文件，如图 10-63 所示。至此，就完成了页面和数据源的连接。

图 10-63 "本地文件"面板

除了使用 ODBC 数据源创建数据库连接以外，也可以使用 OLE DB 创建数据库的连接。OLE DB 不需要设置数据源，连接速度比较快，一般用于连接 SQL Server 数据库。在 Dreamweaver 环境中，通过在"数据库"面板中设置"自定义连接字符串"来创建连接(如图 10-59 所示)，连接 Access 数据库的字符串格式为：

　　　Provide = Microsoft.ACE.OLEDB.12.0; Data Source = "&Server.MapPath("/mydb.accdb")

或者为：

　　　Provide = Microsoft.Jet.OLEDB.4.O; Data Source = "&Server.MapPath("/mydb.mdb")

注意：采用的 Access 版本不同，驱动就不一样。关于 OLE DB 连接数据库方式，在此不再赘述，读者可以参考相关书籍。

10.3.6 数据库访问实例

ASP 是通过 ADO (ActiveX Data Objects)对数据库进行访问的，ADO 是一组访问数据库的专用模块，在服务器端执行。在 Dreamweaver 开发环境中，开发人员不需要编写大量的数据库访问代码，只需要作相应的设置，系统就会自动生成数据库访问的相关代码。

下面介绍在 Dreamweaver 中如何实现一些常见的数据库操作。

【例 10-6】 为注册网页 register.asp 实现用户基本信息"用户名"和"密码"写入数据库的功能。具体操作如下：

(1) 在完成站点与数据库的连接配置后(具体操作见例 10-3)，打开设计好的注册页面 register.asp。

(2) 执行"窗口"|"服务器行为"命令，展开"服务器行为"面板，这里同样要求必须满足动态站点配置的三个条件，当前三项打了对钩(见图 10-64)，说明满足条件。

(3) 单击服务器行为面板上的"+"按钮，在弹出的菜单中选择"插入记录"选项，弹出"插入记录"对话框，如图 10-65 所示。

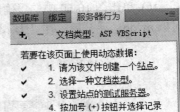

图 10-64　服务器行为面板

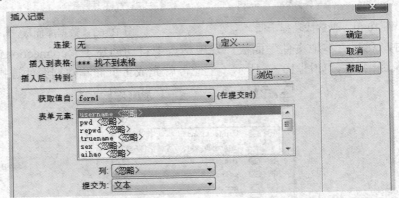

图 10-65　"插入记录"初始对话框

(4) 在图 10-65 的插入记录对话框中，设置如图 10-66 所示，具体配置如下：

- 在"连接"后的列表中选择创建好的"mydb"；
- 在"插入到表格"后的列表中选择表 users；
- 在"插入后，转到"后的文件域中选择有登录界面的"index.asp"；
- "获取值自"不必设置，默认为页面中的唯一表单"form1"；
- 表单元素：如果表单元素的名称与数据库表中字段的名字一致，则系统会自动匹配，如表单对象用户名"username"插入到表字段"username"中，数据类型为"文本"，表单对象密码"pwd"插入到表字段"pwd"中，数据类型为"文本"，如图 10-66 中所示。

另外，注册页面中提交的其他信息可以设置为可选字段，如果用户想要将所有信息写入数据库，则需要修改表 users，增加对应的字段，在此不再阐述。

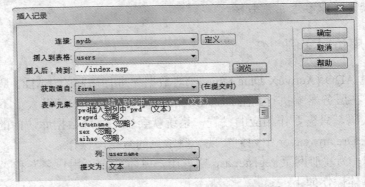

图 10-66　"插入记录"对话框设置

（5）单击"确定"按钮后，观察"服务器行为"
面板，里面增加了一条"插入记录"的行为，如图 10-67
所示。

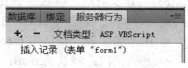

图 10-67　完成服务器行为添加

（6）在浏览器中预览页面 register.asp。

输入用户注册信息，单击"提交"按钮后，观察
是否能够跳转到 index.asp，同时打开数据库，观察用户注册的用户名和密码是否保存到表
users 中。

【例 10-7】　制作首页 index.asp，并为登录界面实现用户身份的验证功能，即输入的
"用户名"和"密码"与 mydb.accdb 中数据表 users 的 username 字段和 pwd 字段值相同，
则登录成功转向留言页面 subject.asp；如果不同，则登录失败重新进入登录页面。具体操
作如下：

（1）完成站点与数据库的连接配置(具体操作见例 10-3)；

（2）在站点下新建文件，命名为 index.asp，页面的设计如图 10-23 所示，其中用户名
和密码栏对应的文本字段的属性修改参考图 10-68 和图 10-69 所示。

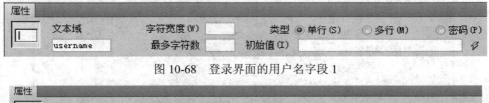

图 10-68　登录界面的用户名字段 1

图 10-69　登录界面的用户名字段 2

（3）执行"窗口"|"服务器行为"命令，打开"服务器行为"面板。

（4）单击"服务器行为"面板上的"+"按钮，在弹出的菜单中，选择"用户身份验证"
菜单下的"登录用户"子菜单项，弹出"登录用户"对话框，如图 10-70 所示。

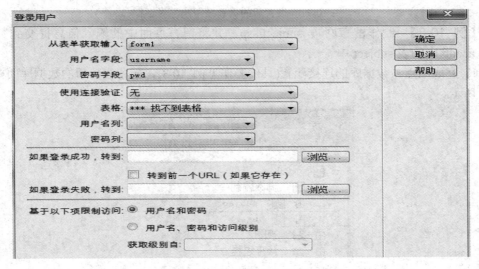

图 10-70　"登录用户"对话框

(5)　"登录用户"对话框中各参数的设置如图 10-71 所示，具体如下：
- 从表单获取输入：默认的是页面中唯一的表单 form1；
- 用户名字段：默认为 username；
- 密码字段：默认为 pwd；
- 使用连接验证：选择 mydb；
- 表格：选择数据库中的 users 数据表；
- 用户名列：选择 users 数据表中的 username 字段；
- 密码列：选择 users 数据表中的 pwd 字段；
- 如果登录成功转到留言页面 subject.asp；
- 如果登录失败转到登录页面 index.asp。

(6)　测试登录页面。

用成功注册的用户名和密码进行登录，测试是否成功跳转到发表留言页面 subject.asp。

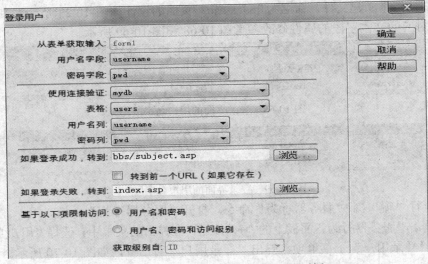

图 10-71　设置后的"登录用户"对话框

【例 10-8】　制作留言网页 subject.asp，并将留言页面中的输入信息提交到数据库
mydb.accdb 中的表 subject 中。

(1)　完成站点与数据库的连接配置(具体操作见例 10-3)，配置成功后的数据库面板如图
10-72 所示。

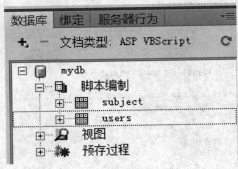

图 10-72　数据库面板

(2) 在站点下新建文件，命名为 subject.asp，页面的设计如图 10-25 所示。其中，标题、作者、内容和发表时间栏对应的文本字段的命名如图 10-73 所示，发表时间栏的文本域的默认值为<%=now() %>，也就是系统时间，设置如图 10-74 所示。

图 10-73 文本域的命名

图 10-74 发表时间

(3) 执行"窗口"|"服务器行为"命令，给 subject.asp 添加"插入记录"行为。当发表留言成功后，可以跳转到查看所有留言的页面 bbslist.asp，参数设置如图 10-75 所示。其中 bbslist.asp 页面的具体设计在例 10-7 中介绍。

图 10-75 插入记录对话框

(4) 保存，在设计好 bbslist.asp 页面后，预览发表留言页面的效果。

【例 10-9】 制作浏览留言页面 bbslist.asp，并实现在页面中显示 subject 数据表中存储的留言信息。具体操作如下。

步骤一：准备工作。

(1) 完成站点与数据库的连接配置；

(2) 在站点下新建文件，命名为 bbslist.asp，双击打开，进入设计视图，执行 "修改" | "页面属性" 命令，将背景颜色设置为 "#DAECF5"。

(3) 插入 1 个 3 行 2 列的表格(记作 table1)，表格的宽度为 800 像素，边框为 0。合并第 1 行两个单元格，然后插入图片 logo.png。第 2 行的两个单元格内分别输入文字，并设置超链接。"发表留言"的超链接设置为 subject.asp，"返回首页"的超链接设置为 index.asp。合并第 3 行的 2 个单元格。结果如图 10-76 所示。

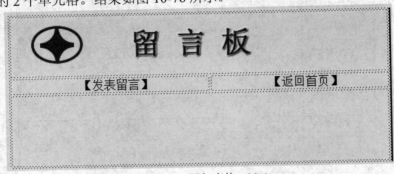

图 10-76　添加表格 table1

(4) 在 table1 的第 3 行中插入 1 个 2 行 4 列的表格(记作 table2)，table2 的属性如图 10-77 所示。在 table2 的第 1 行 4 个单元格内分别输入文字"序号""标题""作者"和"发表时间"。

图 10-77　表格 table2 的属性

(5) 在 table2 下方再插入 1 个 1 行 2 列的表格(记作 table3)，表格属性如图 10-78 所示。并在 4 个单元格内分别输入文字"前一页"和"后一页"。

图 10-78　表格 table3 的属性

(6) 浏览留言页面 bbslist.asp 的设计效果，如图 10-79 所示。

图 10-79　浏览留言页面

步骤二：在浏览页面 bbslist.asp 中绑定记录集(查询)，检索满足条件的记录。

(1) 执行"窗口" | "绑定"命令，调出"绑定"面板。单击按钮"+"，在弹出的菜单(如图 10-80 所示)中选择"记录集(查询)"子菜单项，弹出"记录集"对话框。

图 10-80　选择记录集(查询)

(2) 在弹出的"记录集"对话框中，各个字段的设置如图 10-81 所示。

- "名称"默认为 Recordset1;
- "连接"设为前面建立的数据源"mydb";
- "表格"选择数据库中的"subject"表;
- 如果页面上要显示数据表 subject 中的全部字段，则选择单选按钮"全部"；如果页面上只显示部分字段，则选择单选按钮"选定的"。可按住 Ctrl 键，单击欲在页面上显示的字段。本例中选择"全部"显示。

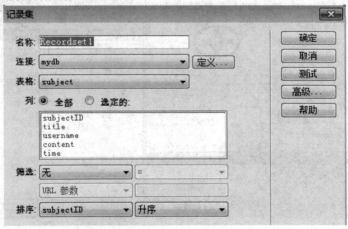

图 10-81　"记录集"对话框（10-9）

(3) 单击"测试"按钮，可以测试 SQL 指令，按照发表时间进行降序排列，如图 10-82 所示，说明数据库连接正常。

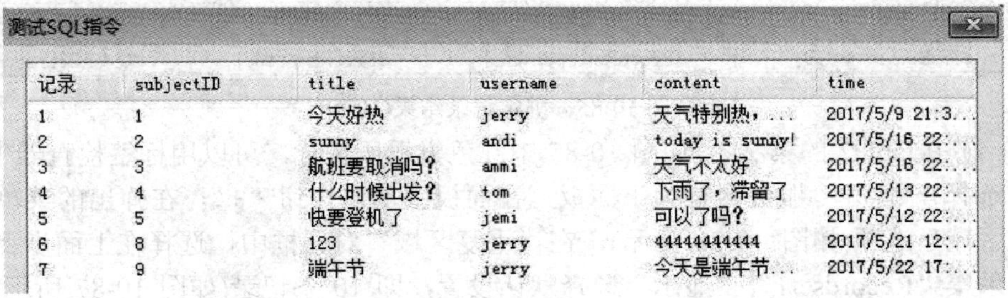

记录	subjectID	title	username	content	time
1	1	今天好热	jerry	天气特别热，…	2017/5/9 21:3...
2	2	sunny	andi	today is sunny!	2017/5/16 22:...
3	3	航班要取消吗？	ammi	天气不太好	2017/5/16 22:...
4	4	什么时候出发？	tom	下雨了，带留了	2017/5/13 22:...
5	5	快要登机了	jemi	可以了吗？	2017/5/12 22:...
6	8	123	jerry	44444444444	2017/5/21 12:...
7	9	端午节	jerry	今天是端午节…	2017/5/22 17:...

图 10-82　测试 sql 指令

（4）单击"确定"按钮后，在绑定面板和服务器行为面板中都增加了记录集 Recordset，如图 10-83 所示。

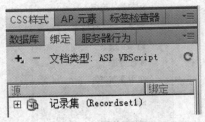

图 10-83　记录集创建完成

步骤三：实现页面中的表单对象与记录集的绑定。

（1）如图 10-85 所示，将光标置于 table2 的第 2 行第 1 个单元格中，然后选中"绑定"面板中展开的记录集 Recordset1 中的"subject ID"选项，单击右下角的"插入"按钮，绑定完成，单元格内出现 {Recordset1.subjectID}。

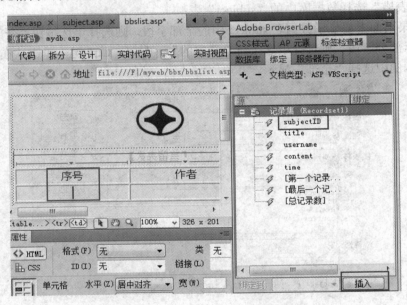

图 10-84　绑定记录(10-9)

（2）同样的操作，将记录集 Recordset1 中的"title"、"username"和"time"选项分别绑定在对应的单元格中，结果如图 10-85 所示。

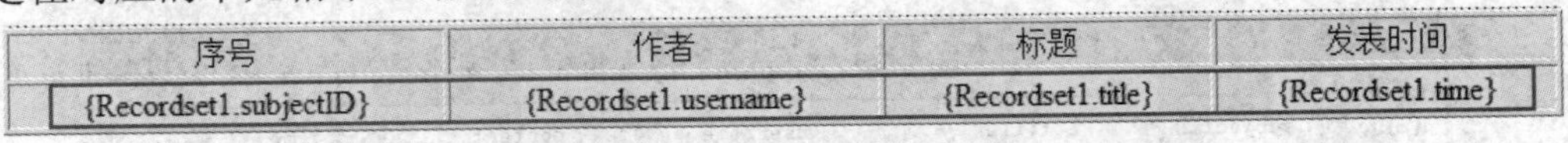

序号	作者	标题	发表时间
{Recordset1.subjectID}	{Recordset1.username}	{Recordset1.title}	{Recordset1.time}

图 10-85　绑定记录结果(10-9)

（3）选中 table2 的第 2 行(如图 10-85 中红色方框所在行，可以用标签检查器中的<tr>标签来选择)，打开"服务器行为"面板，在面板中单击按钮"+"，在弹出的菜单中选择"重复区域"选项(如图 10-86 所示)，在"重复区域"对话框中，选择在上面步骤二中创建的记录集"Recordset1"，"显示"选择默认设置，即 10 条记录(如图 10-87 所示)，单击"确定"按钮，完成"重复区域"的服务器行为的设置。

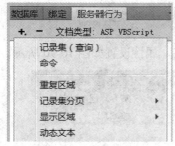

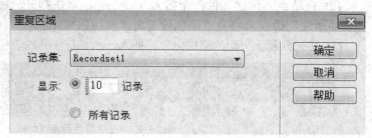

图 10-85　选中"重复区域"　　　　　　　　　　图 10-87　"重复区域"对话框

(4) 选中 table3 中的文字"前一页",单击"服务器行为"面板中的"+"按钮,在弹出的菜单中选择"记录集分页"|"移至前一条记录"命令,如图 10-88 所示。

图 10-88　记录集分页

(5) 选中 table3 中的文字"后一页",单击"服务器行为"面板中的"+"按钮,在弹出的菜单中选择"记录集分页"|"移至下一条记录"命令,单击"确定"按钮,完成记录集分页的设置。

步骤四:测试页面 bbslist.asp。

观察数据库中 subject 表中的全部记录是否显示在页面中,成功显示的效果如图 10-26所示。

【例 10-10】　制作查看留言详细内容页面 show.asp(如图 10-89 所示),并实现其功能,即从浏览留言页面 bbslist.asp 中单击某一条留言的标题,就可以查看这条留言的详细内容。

◆	留　言　板

查看留言详细内容	
序号:1	留言标题:今天好热
作者:jerry	留言时间:2017/5/9 21:32:59
留言内容:天气特别热,最高温度33度,明天更热,最好温度37度。	
返回留言列表	

图 10-89　查看留言页面 show.asp

步骤一:准备工作。

(1) 完成站点与数据库的连接配置;

(2) 在站点下新建文件，命名为 show.asp，双击打开，进入设计视图，执行"修改"｜"页面属性"命令，将背景颜色设置为"#DAECF5"。

(3) 将光标置于页面的空白位置，插入一个 6 行 5 列的表格，属性设置如图 10-90 所示。

图 10-90　表格属性面板(10-9)

(4) 表格的各个单元格的内容填充，如图 10-91 所示，不再阐述设计细节。

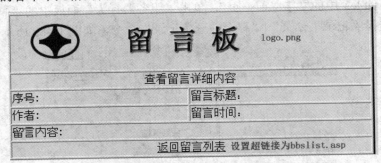

图 10-91　表格内容的填充

步骤二：在留言查看页面 show.asp 中绑定记录集(查询)，检索满足条件的记录。

(1) 执行"窗口"｜"绑定"命令，弹出"绑定"面板，单击按钮"+"，在弹出的菜单中选择"记录集(查询)"子菜单项，弹出"记录集"对话框。

(2) 在弹出的"记录集"对话框中，各个字段的设置如图 10-92 所示。

- "名称"默认为 Recordset1；
- "连接"设为前面建立的数据源"mydb"；
- "表格"选择数据库中的"subject"表；
- 如果页面上要显示数据表 subject 中的全部字段，则选择单选按钮"全部"；如果页面上只显示部分字段，则选择单选按钮"选定的"。可按住 Ctrl 键，单击欲在页面上显示的字段。本例中选择"全部"显示。
- "筛选"按照标题搜索数据库中对应的记录。

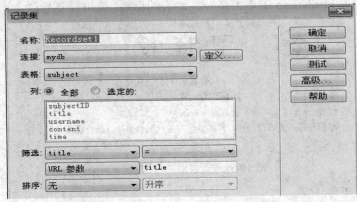

图 10-92　"记录集"对话框(10-10)

(3) 单击"确定"按钮，完成记录集的绑定。

步骤三：实现 show.asp 页面中的对象与记录集的绑定。

(1) 如图 10-93 所示，将光标置于文字"序号"后，然后选中"绑定"面板中展开的记录集 Recordset1 中的"subject ID"选项，单击右下角的"插入"按钮，绑定完成，单元格内出现｛Recordset1.subjectID｝。如图 10-93 所示。

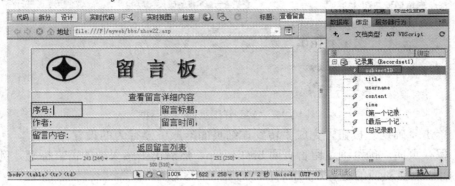

图 10-93　绑定记录(10-10)

(2) 同样的操作，将记录集 Recordset1 中的"title""username""content"和"time"选项分别绑定在对应的单元格中，结果如图 10-94 所示。

图 10-94　绑定记录结果(10-10)

步骤四：给 bbslist.asp 页面中的相关对象添加服务器行为。

(1) 打开浏览留言页面 bbslist.asp，如图 10-95 所示，选中标题下单元格内的｛Recordset1.tilte｝，单击"服务器行为"面板中的"+"按钮，在弹出的菜单中选择"转到详细页面"选项。

图 10-95　选中对应单元格

(2) 在"转到详细页面"对话框中，设置如图 10-96 所示，即实现单击 bbslist.asp 页面中的标题栏内容，就可以跳转到 show.asp 页面中，查看该标题对应的详细留言信息。

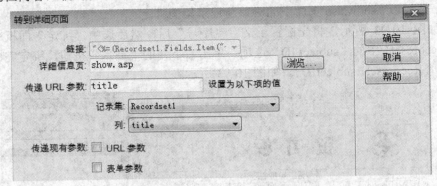

图 10-96　"转到详细页面"对话框

（3）单击"确定"按钮，完成"转到详细页面"服务器行为的设置。

（4）保存页面，预览浏览留言页面 bbslist.asp，然后单击感兴趣的留言标题，例如"端午节"，可以查看对应的内容，如图 10-97、图 10-98 所示。

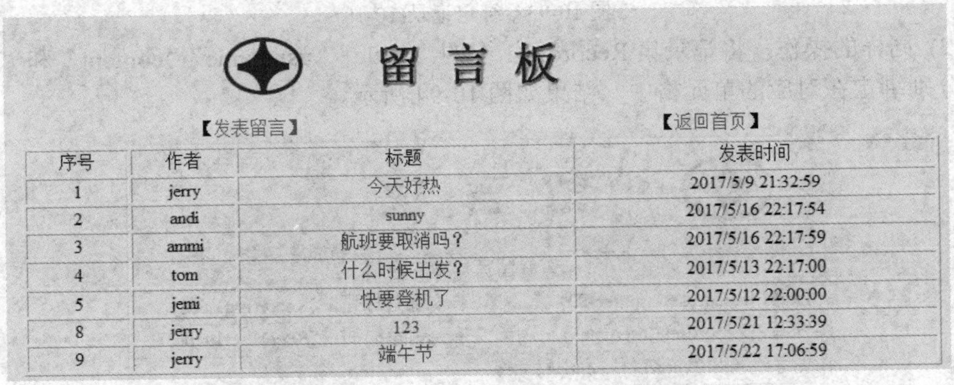

图 10-97　浏览 bbslist.asp

查看留言详细内容	
序号：9	留言标题：端午节
作者：jerry	留言时间：2017/5/22 17:06:59
留言内容：今天是端午节小长假的第二天，天气超级热	
返回留言列表	

图 10-98　查看留言内容

10.3.7　实例小结

本节介绍了一个小型的 ASP 网站的设计与开发过程，需要注意以下几点：

（1）在设计网站时，首先不是急于设计具体的网页，而是先分析网站的功能，理清网站要向访问者提供哪些服务，访问者可以得到哪些信息，从而列出网站的功能清单，并画出网站的业务处理流程。

(2) 下一步则是确定网站结构，要将所有需要提供给用户的功能合理地分配到各个页面中，并采用合理的方式以超链接的形式将所有页面连接起来。

(3) 在正式进入网页制作时，将各种类型的文件按照一定的规则集中存放，如将图片存放在 images 文件夹内。具体分配为：

·bbs 用来存放发表留言的相关网页，例如发表文章 subject.asp、文章列表 bbslist.asp，查看留言内容 show.asp；

·images 用来存放图片资源；

·users 用来存放处理用户信息的网页，例如注册页面 register.asp；

学习到此阶段，已经可以独立完成一个小型网站的开发任务了。由于篇幅所限，ASP 技术中的许多方面还未讲解，读者可自行学习。

思 考 题

1. 如何安装、配置 IIS 服务器？
2. Dreamweaver cs3 中有哪些常用的表单对象？
3. 简述插入一个表单对象的方法。
4. 怎样实现表单输入信息有效性检查？
5. Dreamweaver cs3 中如何实现动态网页与数据库的连接？
6. Dreamweaver cs3 中如何实现登录用户身份验证？
7. Dreamweaver cs3 中如何实现向数据库提交表单信息？
8. 简述 Dreamweaver cs3 中"数据库"面板、"绑定"面板和"服务器行为"面板的功能。

参 考 文 献

[1]　方其桂. 网页设计与制作实例教程[M]. 北京：清华大学出版社，2016.

[2]　吕凤顺，王爱华. html + CSS + javascript 网页制作实用教程[M]. 北京：清华大学出版社，2015。

[3]　郑阿奇. SQL Server 实用教程[M]. 3 版. 北京：电子工业出版社，2012.

[4]　吕宇飞. 网页设计与制作[M]. 3 版. 北京：高等教育出版社，2009.

[5]　金旭亮. 网站建设教程[M]. 北京：高等教育出版社，2010.